Sondes Sk. Mustapha
Ilhem S.Belkhodja

Continuité de service d'un système éolien à base de MADA

AF209456

Sondes Sk. Mustapha
Ilhem S.Belkhodja

Continuité de service d'un système éolien à base de MADA

Reconfiguration de la commande et du système de puissance

Presses Académiques Francophones

Impressum / Mentions légales

Bibliografische Information der Deutschen Nationalbibliothek: Die Deutsche Nationalbibliothek verzeichnet diese Publikation in der Deutschen Nationalbibliografie; detaillierte bibliografische Daten sind im Internet über http://dnb.d-nb.de abrufbar.
Alle in diesem Buch genannten Marken und Produktnamen unterliegen warenzeichen-, marken- oder patentrechtlichem Schutz bzw. sind Warenzeichen oder eingetragene Warenzeichen der jeweiligen Inhaber. Die Wiedergabe von Marken, Produktnamen, Gebrauchsnamen, Handelsnamen, Warenbezeichnungen u.s.w. in diesem Werk berechtigt auch ohne besondere Kennzeichnung nicht zu der Annahme, dass solche Namen im Sinne der Warenzeichen- und Markenschutzgesetzgebung als frei zu betrachten wären und daher von jedermann benutzt werden dürften.

Information bibliographique publiée par la Deutsche Nationalbibliothek: La Deutsche Nationalbibliothek inscrit cette publication à la Deutsche Nationalbibliografie; des données bibliographiques détaillées sont disponibles sur internet à l'adresse http://dnb.d-nb.de.
Toutes marques et noms de produits mentionnés dans ce livre demeurent sous la protection des marques, des marques déposées et des brevets, et sont des marques ou des marques déposées de leurs détenteurs respectifs. L'utilisation des marques, noms de produits, noms communs, noms commerciaux, descriptions de produits, etc, même sans qu'ils soient mentionnés de façon particulière dans ce livre ne signifie en aucune façon que ces noms peuvent être utilisés sans restriction à l'égard de la législation pour la protection des marques et des marques déposées et pourraient donc être utilisés par quiconque.

Coverbild / Photo de couverture: www.ingimage.com

Verlag / Editeur:
Presses Académiques Francophones
ist ein Imprint der / est une marque déposée de
OmniScriptum GmbH & Co. KG
Heinrich-Böcking-Str. 6-8, 66121 Saarbrücken, Deutschland / Allemagne
Email: info@presses-academiques.com

Herstellung: siehe letzte Seite /
Impression: voir la dernière page
ISBN: 978-3-8416-3043-8

Zugl. / Agréé par: Tunis, Université de Tunis El Manar,Ecole Nationale d'Ingénieurs de Tunis, 2007

Table des Matières

Table des matières

Nomenclature

Abréviations

MADA :	Machine asynchrone doublement alimentée.
MAS:	Machine asynchrone à cage
FOC :	Field Oriented Control
SVO :	Stator Voltage Orientation
DTC :	Direct Torque Control
DPC :	Direct Power Control
MLI :	Modulation par largeur d'impulsion
SVM:	Space Vector Modulation
MM:	Modèle Moyen
IGBT:	Insulated Gate Bipolar Transistor
MPPT:	Maximum Point Power Tracking
GCR :	Grid Code Requirement
CcR:	Convertisseur côté Réseau
CcM :	Convertisseur côté Machine
P.U. :	Per Unit

Liste des symboles

X_d, X_q	Composante directe et en quadrature de X
X_{dq}	Indique les deux composantes X_d et X_q
$X_{\alpha\beta}$	Indique les deux composantes X_α et X_β
X_{ref}	Valeur de référence de X
X_{est}	Valeur estimée de X
X_{nom}	Valeur nominale de X
X_{opt}	Valeur optimale de X
X_{max}	Valeur maximale de X
X_{pal}	Paramètre des pâles
X_{mul}	Paramètre du multiplicateur
X_{arb}	Paramètre de l'arbre de la turbine
$X_s,$	Paramètres statoriques
X_r	Paramètres rotoriques
X_{CcR}, X_{CcM}	Paramètres liés au convertisseur côté réseau et au convertisseur côté machine
X_L	Paramètre de ligne
X_t	Paramètre du transformateur
X_{cap}	Paramètres de la capacité
X_{DC}	Paramètre du bus continu
X_{crow}	Paramètre du crowbar
S	Surface balayée par l'hélice
ρ	Masse volumique de l'air
V_{vent}	Vitesse du vent
P_e	Puissance extraite
P_v	Puissance incidente

3

λ	Ratio de vitesse
Cp	Coefficient de puissance
R_{pal}	Rayon des pales
β	Angle d'orientation des pales
J	Moment d'inertie.
f	Coefficient de frottement visqueux.
m	Rapport du multiplicateur
R_s, R_r	Résistances statorique et rotorique.
L_s, L_r	Inductance statorique et rotorique.
M_{sr}	Inductance mutuelle cyclique stator rotor
X	Impédance
p	Nombre de paire de pôles.
g	Glissement.
σ	Coefficient de dispersion.
$P_{méc}$	Puissance mécanique.
P_s, P_r	Puissance active du stator et du rotor
Q_s, Q_r	Puissance réactive du stator et du rotor.
S_s, S_r	Puissance apparente du stator et du rotor.
ω_s, ω_r	Pulsation des grandeurs du stator et du rotor.
Ω	Vitesse mécanique de la machine.
Φ	Flux
T_e	Couple électromagnétique.
Ma	Indice de modulation du convertisseur de puissance

Introduction Générale

La production d'énergie éolienne est devenue aujourd'hui une réalité industrielle. En effet, même si le recours à l'éolien pour la production d'énergie date de l'antiquité, aujourd'hui, dans un contexte intellectuel favorable et sous l'effet stimulant de la crise de l'énergie, il connaît un regain d'intérêt et un nouvel essor industriel dans le monde.

En Tunisie, "Réduire le taux de croissance de la demande en énergie, améliorer l'intensité énergétique et atténuer les émissions polluantes constituent les objectifs que les programmes mis en œuvre par le gouvernement visent à atteindre" [1].

Dans le cadre de nos travaux de recherche, nous étudions les systèmes éoliens à base de machine asynchrone doublement alimentée (MADA). En effet, la comparaison des performances de ces systèmes avec celles d'autres systèmes montre que la structure correspondante offre des avantages au niveau des points suivants :

- Le coût, la dimension et le poids,
- Le rendement en énergie,
- La fiabilité,
- Le bruit audible,
- La qualité de puissance.

Notre objectif dans est de contribuer à l'amélioration des performances de la commande du système éolien d'étude. Notre apport concernera des conditions bien spécifiques de fonctionnement ; En effet, nous nous intéressons spécialement au fonctionnement en cas de défauts, que se soit, un défaut propre au système tel que le défaut capteur ou un défaut d'origine externe tel qu'un défaut réseau.

Le premier chapitre présentera une étude bibliographique, qui nous permettra d'abord de dresser un bilan assez complet sur les systèmes éoliens, puis de dégager les grandes lignes de notre recherche.

L'étude bibliographique concernera alors l'énergie éolienne en général, son historique et son état actuel du point de vue production et rentabilité. Nous montrons que cette énergie a connu un grand développement ainsi qu'une bonne réduction du coût de production ces dernières années. Ensuite, un passage en revue rapide de ses applications, ainsi que des constituants technologiques des aérogénérateurs sera présenté. Nous considérons aussi le contexte tunisien et montrons notre position dans le monde comme utilisateur de cette énergie.

A propos des thèmes abordés dans les récentes recherches, ils concernent essentiellement les procédures de maximisation de la puissance extraite du vent, les commandes des convertisseurs de puissances dans le but d'améliorer la qualité de la puissance transmise au réseau ou de protéger la génératrice dans le cas d'un défaut quelconque. Néanmoins, l'impact des défauts réseau et les nouvelles exigences des opérateurs des réseaux électriques sont de plus en plus présents dans les récentes publications.

La dernière partie du premier chapitre sera consacrée à expliquer nos objectifs de recherche et notre positionnement par rapport aux études actuelles des systèmes éoliens.

Dans le deuxième chapitre, une brève description de la modélisation du système éolien d'étude est présentée. Ensuite, une analyse en régime statique est menée afin de définir les limites de fonctionnement du système et de dégager les consignes de commande et leurs évolutions selon l'état du système. Puis, nous développons la stratégie de commande adoptée dans notre étude : le contrôle vectoriel. Nous faisons également une comparaison des réponses du système muni du contrôle vectoriel et d'un autre type de contrôle qui est le DTC (Contrôle Directe du Couple), et ceci pour différents modes de fonctionnement.

Nous allons donc adopter le contrôle vectoriel et essayer de l'améliorer pour la présente application.

Le troisième chapitre est divisé en deux parties : la première est consacrée à l'amélioration de la commande dans le cas d'un défaut propre au système qui est le défaut capteur de courant. Les problèmes liés aux défauts capteur sont d'abord analysés, puis, une nouvelle méthode de détection basée sur la redondance des capteurs est proposée. Par la suite, une stratégie de reconfiguration de la commande est proposée afin d'assurer une continuité de service du système.

La deuxième partie présente le cas de plusieurs types de défaut réseau. Dans ce cas aussi, est proposée une reconfiguration de la commande pour minimiser les perturbations dans le système éolien. La reconfiguration est basée sur un choix adéquat des estimateurs du flux rotorique et statorique. A la fin du chapitre, des critères de performances sont définis. Ils nous permettront de mener une étude comparative de différentes stratégies de commandes face aux défauts réseau.

Le quatrième chapitre s'intéresse spécialement à l'amélioration de la commande du système éolien en cas de défaut réseau de grande amplitude. En fait, ce type de défaut exige une intervention spéciale, car une reconfiguration de la commande ne suffit plus pour y faire face. Ainsi, l'introduction d'un circuit de protection additionnel est obligatoire.

En effet, le problème face aux défauts de grandes amplitudes du réseau, n'est pas de protéger le système éolien, car ceci peut être fait par n'importe quel circuit de protection qui assurera la déconnexion du réseau. Le réel défi est aujourd'hui de protéger le système éolien tout en restant connecté au réseau électrique comme l'exigent les nouvelles recommandations des réseaux électriques. Ceci est en fait dû à l'augmentation de la part de l'énergie éolienne dans la production de l'énergie électrique et le risque pour le réseau en cas de déconnexion d'une ferme éolienne. En effet, une éventuelle déconnexion, alors que le réseau présente des problèmes, peut aggraver la situation et même conduire à une panne générale du réseau électrique (Black out). Les nouveaux codes du réseau électrique exigent en plus que le système éolien puisse aider et soutenir le réseau électrique en cas de défaut, par une production de l'énergie réactive.

Nous proposons ainsi, une nouvelle procédure pour répondre à ces exigences. L'efficacité de cette procédure sera validée à l'aide des résultats de simulation et d'une étude comparative avec d'autres méthodes.

Chapitre 1

Etat de l'art des systèmes éoliens

I   Introduction

Les énergies renouvelables comparées aux énergies traditionnelles (fossiles, …)
présentent un coût de production plus élevé. De plus, elles sont tributaires des
contraintes climatiques et géographiques. Mais, d'un autre côté, elles constituent une
option attrayante pour la diversification de l'approvisionnement en énergie : elles
sont disponibles localement, apportent des bénéfices environnementaux (leurs
industries sont moins polluantes) et contribuent à la création d'emplois et à la
compétitivité industrielle.

L'énergie que distribue le vent par année est une énergie énorme : elle se situe entre
$2.5 \ 10^{15}$ et $5 \ 10^{15}$ kWh/an [2]. Néanmoins, elle est difficilement récupérable. C'est ce
qui a encouragé les hommes à chercher un moyen toujours plus perfectionné pour sa
transformation en une autre forme d'énergie, telle que l'énergie mécanique ou
électrique.

On note que le premier moulin à vent a été fabriqué en Perse bien avant J.-C [3].
Depuis, on a beaucoup utilisé l'énergie éolienne pour le pompage et l'irrigation des
cultures. Ensuite, les recherches dans le domaine de l'aérodynamique menées pour
l'aéronautique ont permis une évolution des moteurs éoliens.

Il est à noter que, pour pouvoir commercialiser cette source d'énergie qui a l'avantage
d'être écologique, non-polluante et autonome, il faut qu'elle soit rentable par rapport
aux autres sources d'énergie.

Depuis le début des années quatre-vingt-dix, les perspectives d'exploitation de
l'énergie éolienne sont devenues complètement différentes [4] [5]. En effet, le coût
de production du kilowattheure a progressivement baissé pour atteindre un niveau
compétitif par rapport aux autres sources d'énergie [5]. Tous ces bouleversements

techniques font que ce secteur est actuellement en pleine expansion et que s'ouvre à lui une multitude de marchés mondiaux.

Ce premier chapitre est organisé comme suit : la première partie est consacrée à une vision globale des aspects liés à l'éolien : avantages et inconvénients, son évolution au cours de l'histoire, ses applications et les constituants technologiques des systèmes éoliens. La deuxième partie présente un aperçu général sur l'application de l'énergie éolienne en Tunisie. En dernier, est détaillée une étude bibliographique concernant les domaines et les problèmes liés à l'énergie éolienne.

II   Généralités

Cette partie permet de donner une vision globale des aspects liés à l'éolien, d'appréhender, sans être exhaustif, les thématiques impliquées et les spécificités propres aux systèmes éoliens.

1   Comparaison de l'énergie éolienne avec les autres sources d'énergie

Pour comparer l'énergie éolienne avec les sources d'énergie les plus utilisées sur terre, on commence par énumérer ces derniers. En fait, les énergies peuvent être classées en deux types : les énergies non renouvelables qui sont issues des fossiles (charbon, pétrole, gaz naturel,...) ou de l'uranium pour la fission nucléaire et les énergies renouvelables qui sont celles dispensées continuellement par la nature :

- Les énergies non renouvelables
  - Pétrole
  - Charbon
  - Gaz naturel
  - Nucléaire

- Les énergies renouvelables
  - Eolienne
  - Solaire
  - Hydraulique

- La houle
- Biomasse

Pour se maintenir au thème présenté, la comparaison se limitera au niveau de la production de l'électricité. Concernant les énergies non renouvelables, leur principal avantage est le faible coût de production. Mais, d'un autre côté, ce sont des sources trop polluantes et surtout, elles disposent d'une durée limitée d'exploitation : des prévisions estiment l'épuisement du gaz naturel et du pétrole durant le XXIe siècle [6]. Concernant l'énergie nucléaire, ses déchets présentent un problème majeur dans leur retraitement et leur stockage, ainsi que les risques de radioactivité en cas d'accident.

A propos des énergies renouvelables, leurs majeurs avantages sont la non pollution, et la durée illimitée d'exploitation. En contre partie, le coût d'exploitation est relativement élevé par rapport à celui des autres sources citées.

Nous détaillons, dans la suite les sources d'énergies renouvelables les plus utilisées :

L'énergie hydraulique présente une importante source renouvelable d'électricité [6] : les centrales au fil de l'eau doivent se satisfaire du débit des cours d'eau, et les barrages permettent de stocker l'énergie et d'en fournir dans les moments de fortes demandes.

L'énergie solaire présente un rendement faible quand le rayonnement solaire est faible. De plus, son coût de production est élevé. Cette énergie est surtout utilisée pour alimenter des sites isolés.

La houle présente un immense gisement d'énergie, mais le milieu marin est relativement hostile, et il n'y a pas de nos jours une production d'électricité à grande échelle à partir de cette source [6].

L'énergie éolienne, présente aujourd'hui un mode de production rentable, et un coût de production relativement faible par rapport aux autres sources renouvelables d'énergie. Avec un taux de croissance élevé (24% en 2005 [12]), cette énergie bénéficie d'un encouragement politique partout dans le monde. Elle présente plusieurs avantages :

- L'énergie éolienne est modulable et peut être parfaitement adaptée au capital disponible ainsi qu'aux besoins en énergie. Il n'y a donc pas d'investissements superflus. Cette modularité permet aussi de maintenir en fonctionnement la plus grande partie de l'installation lorsqu'une pièce est défectueuse.
- Les frais de fonctionnement sont assez limités étant donné le haut niveau de fiabilité et la relative simplicité des technologies mises en œuvre.
- La période de haute productivité, située souvent en hiver où les vents sont plus forts, correspond à la période de l'année où la demande d'énergie est la plus importante pour les pays froids.

Néanmoins, on reconnaît à cette énergie certains inconvénients, notamment au niveau de leurs impacts :

- les effets sur le paysage
- le bruit
- la perturbation de l'écologie locale des sites
- la destruction de vestiges archéologiques
- les interférences électromagnétiques

En conclusion, même si, actuellement, l'énergie éolienne ne présente pas la première source de production de l'électricité dans le monde, elle présente un avenir prometteur, un coût de production de plus en plus compétitif et un thème de recherche en pleine expansion.

2   Historique – Etat actuel – Développement

L'énergie éolienne présente une forme très ancienne d'exploitation du vent, elle est probablement la plus ancienne énergie utilisée par l'homme. Les moulins les plus anciens, chinois ou perses, sont en effet constitués par des mâts verticaux entraînés par des voiles, apparus vers 200 avant Jésus-Christ [2] [7] [8]. Vers le XIIe siècle, cette technologie a été importée en Europe [7] [8]. Plus tard, l'axe devient sensiblement horizontal, avec des ailes, pour prendre la disposition connue des anciens moulins à vent. Bien que de grandes dimensions, elles n'avaient alors que de faibles puissances ne dépassant guère 10 à 15 kW [2].

Au XIXe siècle l'énergie éolienne a connu un déclin à cause de l'accroissement rapide de l'utilisation des énergies fossiles. Toutefois, depuis les années 1970, et suite au premier choc pétrolier, elles ont connu une importante évolution [5] [8], à la fois de leur utilisation ainsi que de leur conception. Ceci est dû à une stratégie de sécurité d'approvisionnement énergétique, afin de se libérer de la dépendance à l'égard des importations de pétrole et de gaz naturel. Par exemple, L'Union Européenne dépend actuellement à 50% des importations pour ses besoins en énergie. Cette dépendance passera à 70% en 2030 [9]. Par ailleurs, il y a eu des engagements internationaux visant à réduire les émissions de gaz à effet de serre. Tout ceci a favorisé le développement des énergies renouvelables et plus particulièrement l'énergie éolienne.

Les éoliennes ont bénéficié des progrès technologiques et scientifiques apportés dans différents domaines, tels que l'aérodynamique, les matériaux et l'électrotechnique.

En effet, l'énergie éolienne a connu un développement important en 2003 : la puissance installée a augmenté de 200% à comparer avec une augmentation de 40% à l'année précédente [10].

Concernant l'état actuel de l'énergie éolienne, l'Europe présente 73% de la puissance éolienne installée dans le monde. Les Etats Unis présentent aussi une capacité importante avec une puissance installée à la fin de 2012 de 60 007 MW. L'Inde accède de plus en plus au marché avec une puissance totale installée de 18 421 MW à la fin de 2012 [11] (Table 1. 1). Ce qui donne une puissance éolienne mondiale (à la fin de 2012) de 281 052.1 MW [11]. Cette énergie est essentiellement obtenue à partir d'éoliennes rapides bipales, mais surtout à partir d'éoliennes tripales, à axe horizontal [2].

	2011	2012	Puissance installée en 2012 Capacity installed in 2012	Mises hors service en 2012 Decommissioning in 2012
European Union	94 041,8	105 635,1	11 840,0	246,8
Rest of Europe	2 691,0	3 541,0	850,0	0,0
Total Europe	96 732,8	109 176,1	12 690,0	246,8
United States	46 919,0	60 007,0	13 124,0	36,0
Canada	5 265,0	6 200,0	935,0	0,0
Total North America	52 184,0	66 207,0	14 059,0	36,0
China	62 364,0	75 564,0	13 200,0	0,0
India	16 084,0	18 421,0	2 337,0	0,0
Japan	2 536,0	2 614,0	88,0	10,0
Other Asian countries	1 086,0	1 211,0	125,0	0,0
Total Asia	82 070,0	97 810,0	15 750,0	10,0
Africa & Middle East	1 033,0	1 135,0	102,0	0,0
Latin America	2 280,0	3 505,0	1 225,0	0,0
Pacific region	2 861,0	3 219,0	358,0	0,0
Total world	**237 160,8**	**281 052,1**	**44 184,0**	**292,8**

*Estimation. Estimate. Les décimales sont séparées par une virgule. Decimals are written with a comma.
Source: EurObserv'ER 2013 (European Union figures)/AWEA 2012 for United-States, GWEC 2012 (others)

Table 1. 1 Puissance éolienne installée dans le monde fin 2012 en (MW) [11]

3   Applications

L'énergie éolienne est captée sous forme mécanique, c'est-à-dire sous la forme d'un couple dans un arbre en rotation. Du fait de l'irrégularité de cette énergie, elle n'est pas utilisée directement sous cette forme mais convertie en énergie mécanique potentielle (pompage d'eau), en énergie thermique et surtout en énergie électrique.

3.1   La production d'électricité

Les génératrices des éoliennes diffèrent un peu des autres types de génératrices raccordées au réseau électrique. En fait, elles fonctionnent avec une source de puissance (le rotor de l'éolienne) qui fournit une puissance mécanique (un couple) très fluctuante.

Le générateur électrique peut être soit une dynamo (les plus utilisées sont des dynamos à enroulement *anticompound* et pôles de commutation [2]) pour les installations isolées, fournissant un courant continu directement utilisable pour charger une batterie, soit une génératrice synchrone ou asynchrone pour les installations débitant sur un réseau alternatif de grande puissance.

3.2   Pompage de l'eau

Les éoliennes sont très utilisées pour le pompage de l'eau. On distingue :

-       Les éoliennes à pompe à piston

La pompe est simple et permet une hauteur de refoulement importante. Par contre, elle demande un couple assez élevé et surtout constant ; sa vitesse est faible. Ce type de pompe s'accommode bien avec les éoliennes lentes qui présentent des caractéristiques voisines des siennes.

-       Les éoliennes à pompe rotative

Pour ces pompes, le couple est faible aux basses vitesses et croît assez rapidement. Leur caractéristique puissance/vitesse est telle qu'il est possible de faire coïncider la zone de rendement maximal de l'éolienne à celle de la meilleure utilisation de la pompe.

3.3   Conversion thermique

Dans ce type de conversion, l'énergie recueillie sur l'arbre du moteur éolien est transformée directement en chaleur par frottement mécanique du fluide caloporteur.

4   Principe de conversion : lois aérodynamiques

L'énergie éolienne provient de l'énergie cinétique du vent. Si cette énergie pouvait être récupérée à l'aide d'une hélice qui balaie une surface S, située perpendiculairement à la direction de la vitesse du vent, la puissance instantanée fournie serait :

$$P_v = \frac{1}{2}\rho.S.V_{vent}^3 \qquad (1.\,1)$$

Avec ρ la masse volumique de l'air, $S = \pi.R_{pal}^{\,2}$ la surface balayée par l'hélice de rayon R_{pal} et V_{vent} la vitesse du vent.

Mais, le dispositif de conversion extrait une puissance P_e inférieure à la puissance incidente P_v. On déduit le coefficient de puissance noté Cp défini par le rapport de la puissance P_e recueillie sur l'arbre moteur du capteur à la puissance cinétique incidente. Ce coefficient caractérise l'aptitude de l'aérogénérateur à capter de l'énergie éolienne :

$$Cp = \frac{Puissance \quad extraite \quad réellement}{Puissance \quad incidente} = \frac{P_e}{P_v} \qquad (1.\ 2)$$

L'énergie récupérable est celle qu'il est possible de prélever de l'énergie cinétique du vent. Betz a montré que, pour une machine à axe horizontal, cette quantité avait une limite [14].

D'après la limite de Betz [5] [14] Cp ne peut pas dépasser la valeur limite Cp_{max} (Cp_{max}= 16/27 = 0.593), c'est-à-dire l'énergie pratiquement récupérable ne peut pas dépasser 60% de l'énergie fournie par le vent. C'est le rendement maximal théorique d'une éolienne.

Le coefficient Cp dépend de la vitesse de rotation de la turbine et de l'angle d'orientation des pales β

Cp est habituellement représenté en fonction de λ, défini par le rapport de la vitesse linéaire périphérique en bout de pale de l'hélice à la composante normale de la vitesse du vent (Figure 1. 1).

$$\lambda = \frac{R_{pal}.\Omega_{arb}}{V_{vent}} \qquad (1.\ 3)$$

Avec Ω_{arb} vitesse angulaire de rotation de la turbine.

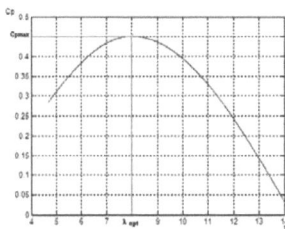

Figure 1. 1 Coefficient de puissance Cp en fonction de λ pour une turbine donnée

On déduit de ce qui précède l'expression de la puissance aérodynamique capturée par la turbine :

$$P_e = \frac{1}{2}Cp.\rho.S.V_{vent}^3 \qquad (1.\ 4)$$

5   Installation et choix du site

Le rendement d'une éolienne dépend beaucoup du site sur lequel elle est installée. Les sites les plus intéressants sont situés au bord de la mer ou aux sommets des collines et des montagnes bien dégagées. Toutefois, dans les premiers sites se posent des problèmes de corrosion et dans les seconds des risques de givrage.

En fait, l'examen des sites possibles constitue le premier travail à effectuer pour juger de la possibilité d'utiliser le vent. Non seulement il faut connaître la vitesse moyenne mais aussi la quantité d'énergie annuelle. On note que les vents les plus intéressants (qui donnent le maximum d'énergie annuelle), sont les vents réguliers. Il faut éliminer les sites soumis à des variations très brutales de la vitesse du vent.

On note aussi que les grandes éoliennes doivent évidemment être raccordées au réseau électrique, il est donc primordial que les éoliennes soient installées relativement près d'une ligne électrique de moyenne tension.

6   Constituants technologiques d'un aérogénérateur

Les principaux éléments d'une éolienne sont : les pales, le support, la nacelle et le générateur électrique (Figure 1. 2). La forme et le nombre des pales sont des facteurs essentiels pour la détermination des effets aérodynamiques.

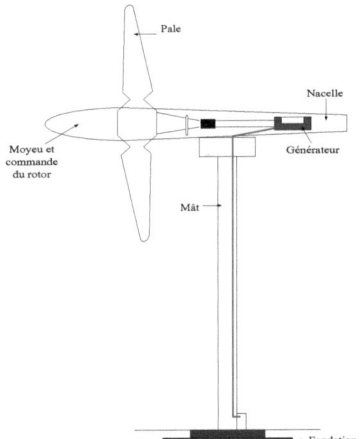

Figure 1. 2 Principaux composants d'une éolienne

17

6.1   Différents types d'éoliennes

Il existe deux importantes catégories d'éoliennes : à axe horizontal et à axe vertical.

6.1.1 Les turbines éoliennes à axe horizontal

Ce sont les machines les plus répandues actuellement car leur rendement est supérieur à celui de toutes les autres machines [2] [3]. Elles comportent généralement des hélices à deux ou trois pales ou des hélices multipales pour le pompage de l'eau.

6.1.2 Les turbines éoliennes à axe vertical

Les principaux rotors à axe vertical sont le rotor de Savonius, le rotor de Darrieus et le rotor à ailes battantes. Il existe également les machines à traînée différentielle comme le moulinet, les machines à écran et les machines à clapets battants.

Toutes ces machines ont besoin d'être haubanées, c'est-à-dire soutenues par des câbles ou des cordages.

6.2   Chaîne de conversion mécanique

6.2.1 Le supportage

Les pylônes peuvent être réalisés en acier ou en béton armé. Ils peuvent être autoporteurs et auto-résistants ou haubanés. Pour limiter l'occupation au sol, le supportage de plusieurs éoliennes par une seule structure est envisagé ; dans ce cas, les pylônes constitués de structures métalliques en treillis sont intéressants.

Actuellement, les mâts en caisson, souvent en acier et fortement ancrés au sol, sont très répandus pour les éoliennes de forte puissance [2].

Les problèmes de corrosion et de montage sont les paramètres principaux dans le choix de la solution à adopter.

6.2.2 L'orientation

Les changements de direction et les variations de fréquence de rotation liés aux rafales de vent sont à l'origine de vibrations néfastes au bon fonctionnement de la machine. Le dispositif d'orientation devra donc assurer le maintien du rotor face au vent sans provoquer, lors des changements brutaux du vent, des variations d'orientation rapides de la machine.

Sur presque toutes les éoliennes à axe horizontal, une orientation forcée est utilisée. Elles sont donc munies d'un dispositif qui utilise des moteurs électriques et des multiplicateurs pour assurer que le rotor soit toujours orienté face au vent.

Les grandes machines font appel à la technologie électro-hydraulique et le contrôle de l'orientation se fait par embrayage et valves hydrauliques.

6.2.3 Les pales

Les pales forment un élément très important des éoliennes. De leur nature dépendra le bon fonctionnement et la durée de vie de la machine ainsi que le rendement de l'éolienne.

Plusieurs éléments caractérisent ces pales telles que la longueur, la largeur, le profil, les matériaux et le nombre. Parmi ces éléments, certains sont déterminés par les hypothèses de calcul, la puissance et le couple. D'autres sont choisis en fonction de critères tels que le coût, la résistance au climat etc.

La surface du disque balayée par le rotor ainsi que la vitesse du vent déterminent la quantité d'énergie que l'éolienne est susceptible de récolter en une année.

La Figure 1. 3 donne une idée des diamètres généraux du rotor, valables pour les différentes tailles d'éoliennes. Une éolienne, dont la puissance de la génératrice est de 600 kW, aura typiquement un diamètre de rotor de quelque 43 mètres.

Aujourd'hui nous atteignons des puissances de 6MW [15], par exemple pour des éoliennes de puissance 4 .5 MW, le diamètre est de 120m [15]

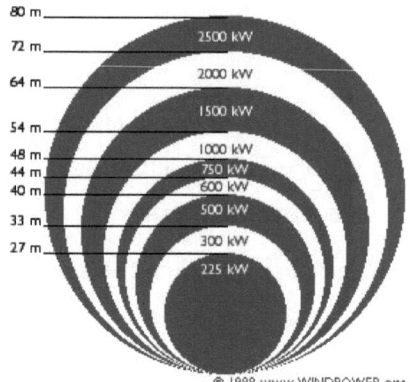

Figure 1. 3 Puissance de l'éolienne en fonction du diamètre du rotor

6.2.4 Le multiplicateur

Suivant la gamme de puissance considérée, les vitesses de rotation des turbines d'éoliennes peuvent aller de 30 à 900 tr/mn. La vitesse d'une turbine est d'autant plus élevée que sa puissance nominale est faible. Or les machines électriques classiques sont dimensionnées pour tourner à des vitesses de l'ordre de 1500 tr/mn. Pour cette raison, on intercale généralement, entre la turbine et la génératrice, un multiplicateur de vitesse.

Trois types de multiplicateurs peuvent être utilisés avec les aéromoteurs :

- Le multiplicateur à engrenages à un ou plusieurs trains de roues dentées cylindriques
- Les trains planétaires
- Le multiplicateur à couple conique

Les multiplicateurs présentent des inconvénients, comme la nécessité d'une maintenance accrue due à un taux de panne élevé, des pertes énergétiques supplémentaires, un bruit acoustique parfois gênant et un encombrement important qui nécessite d'allonger la nacelle de l'éolienne. Certains constructeurs d'éoliennes ont donc opté pour des solutions à entraînement direct, où la turbine et la génératrice sont montées sur le même axe.

6.3   Chaîne de conversion électrique

La chaîne de conversion électrique est constituée d'une génératrice électrique, des convertisseurs de puissance qui diffèrent selon les systèmes et les choix des fabricants, des capteurs de vitesse de courant de tension etc.

Les génératrices les plus utilisées dans les systèmes éoliens sont les génératrices asynchrones à cage, les génératrices synchrones et les génératrices doublement alimentées, Les différents types de système seront détaillés dans le paragraphe IV.

6.4   Systèmes de protection et de régulation

Quel que soit le type d'aéromoteur, il est nécessaire, pour éviter sa destruction lors de vents violents, qu'il soit équipé d'un système permettant de diminuer les contraintes mécaniques sur la machine.

Les objectifs de la régulation sont d'assurer la sécurité de l'éolienne par vents forts et de limiter la puissance à la puissance nominale de la génératrice. Une turbine d'éolienne est dimensionnée pour développer sur son arbre une puissance nominale Pn. Cette puissance est obtenue à partir d'une vitesse nominale du vent Vn.

Lorsque la vitesse du vent est supérieure à Vn, la turbine éolienne doit modifier ses paramètres afin d'éviter la destruction mécanique, de sorte que sa vitesse de rotation reste pratiquement constante.

On spécifie aussi :

- la vitesse de démarrage, Vd, à partir de laquelle l'éolienne commence à fournir de l'énergie,
- la vitesse maximale du vent, Vm, pour laquelle la turbine ne convertit plus l'énergie éolienne, pour des raisons de sûreté de fonctionnement.

Les vitesses Vn, Vd et Vm définissent quatre zones sur le diagramme de la puissance utile en fonction de la vitesse du vent (Figure 1. 4)

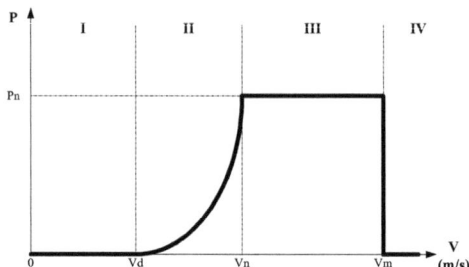

Figure 1. 4 Diagramme de la puissance utile sur l'arbre en fonction de la vitesse du vent

la zone I : P = 0 (la turbine ne fonctionne pas)

la zone II : La puissance fournie sur l'arbre dépend de la vitesse du vent 'V '

la zone III : La vitesse de rotation est maintenue constante et la puissance 'P' fournie reste égale à Pn

la zone IV: Le système de sûreté de fonctionnement arrête le transfert de l'énergie.

6.4.1 Système de freinage

C'est le moyen le plus simple de préserver une machine de la destruction. Lorsque le vent atteint la valeur maximale V_m, on immobilise la machine soit à l'aide d'un frein, soit en plaçant l'hélice parallèle au vent (mise en drapeau), soit en modifiant le calage des pales pour obtenir un couple moteur nul. Ceci peut être manuel ou automatique.

6.4.2 Système de régulation mécanique

La régulation consiste à conserver une fréquence de rotation constante de l'hélice pour toute une gamme de vitesses de vent et assurer la sécurité en cas de vent fort. Cette régulation est obtenue en faisant varier l'angle de calage, et par suite l'angle d'incidence qui est l'angle entre la direction de la vitesse du vent relatif et l'axe de la pale. Ceci peut être effectué :

-   Par système à calage variable " pitch" : qui permet d'ajuster la portance des pales à la vitesse du vent pour maintenir une puissance sensiblement constante dans la zone III de vitesse (Figure 1. 4   ).

- Par décrochage aérodynamique "stall" : on utilise la forme des pales pour assurer une perte de portance au-delà d'une certaine vitesse de vent. C'est la solution la plus robuste, mais la courbe de puissance chute plus vite : il s'agit donc d'une solution passive
- Par stall actif : dans ce cas, le décrochage aérodynamique est obtenu progressivement grâce à une orientation minime des pales.

6.5 Les dispositifs de stockage

Le problème avec le vent est qu'il s'agit d'une source discontinue et aléatoire. Il est donc indispensable d'avoir des systèmes permettant de stocker l'énergie produite par le vent afin d'en restituer une partie, aussi grande que possible, pendant les périodes de calme.

Il existe différentes possibilités de stockage :

- Par batterie d'accumulateurs.
- Par remplissage d'un réservoir de stockage d'eau, qui sera turbinée pour restituer l'énergie.
- Par chauffage du fluide d'un réservoir qui restituera pendant les périodes sans vent l'énergie stockée.

7 Raccordement au réseau

Un autre aspect essentiel du fonctionnement du système éolien, est le raccordement au réseau électrique. En effet, nous nous intéressons principalement aux systèmes éoliens liés au réseau. Il est donc impératif d'expliquer les étapes de raccordement au réseau.

La tension au point terminal de la turbine est généralement inférieure à la tension réseau ce qui nécessite l'utilisation d'un transformateur élévateur de tension.

On note que la production d'énergie électrique par des éoliennes présente des particularités par rapport aux autres types de générateurs. Il s'agit notamment de toutes les phases transitoires du fonctionnement (démarrage, arrêt, absorption des rafales), qui peuvent survenir assez souvent du fait de la nature fluctuante du vent.

Les étapes de raccordement au réseau dépendent du type du générateur utilisé. A titre d'exemple, nous donnons la procédure pour un système éolien avec MADA (Figure 1. 5) :

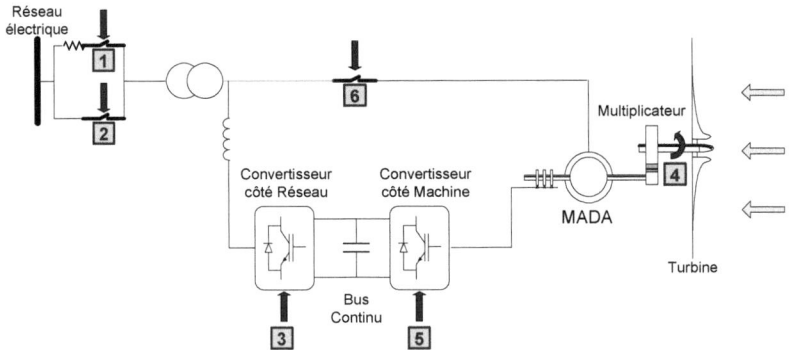

Figure 1. 5 Etapes de raccordement au réseau d'un système éolien à base de MADA

Pour se connecter au réseau, le système éolien doit suivre les étapes suivantes :

1- Fermer le sectionneur ❶ pour pré-charger la capacité à 90% de sa charge

2- Fermer ❷ puis ouvrir ❶ pour charger la capacité à 100% de sa charge

3- Activer le contrôle ❸ pour avoir une valeur de tension constante aux bornes de la capacité

4- La turbine tourne ❹et le sectionneur ❻ est toujours ouvert

5- Activer le contrôle ❺ jusqu'à avoir La tension statorique égale à la tension réseau

6- Fermer le sectionneur ❻

III- Les systèmes éoliens en Tunisie

Il est à noter que les ressources naturelles de la Tunisie sont modestes comparées à celles de ses voisins, l'Algérie et la Libye. Elle possède actuellement une réserve prouvée en pétrole de 367 millions de barils [16] et en moyenne, 70 000 barils par jour [16][17]. Les réserves prouvées de gaz naturel sont estimées à 330 millions de barils [16], dont les deux tiers sont situés en mer [17].

La demande d'électricité est en croissance constante, soit d'environ 7% par an [17]. La part de l'électricité tunisienne la plus importante est générée par des centrales fonctionnant au combustible fossile [18] [17], composées de turbine à gaz, turbine à vapeur, et cycles combinés, le reste par des centrales hydroélectriques et des éoliennes (Figure 1. 6).

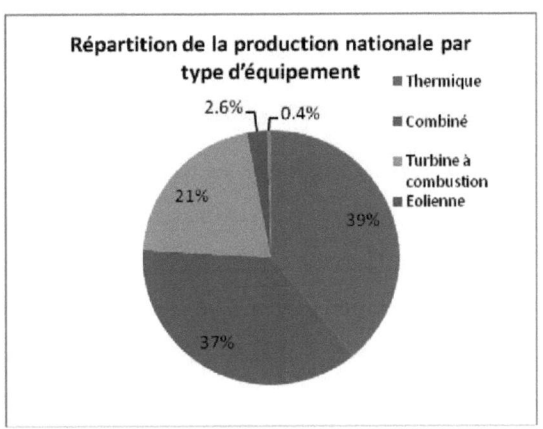

Figure 1. 6 Répartition de la production de l'électricité en Tunisie par type d'équipement (2013) [18]

Le choix de l'énergie éolienne en Tunisie est dû à plusieurs facteurs :

- Energie adaptée à la production décentralisée
- Energie fondamentale pour le monde en développement
- Des coûts en chute libre
- Un marché en pleine expansion au niveau international

La première ferme éolienne en Tunisie a été implantée à Hawariya en 2000 avec une puissance de 10MW. En mai 2003, on a ajouté 12 éoliennes, portant ainsi sa capacité totale à 20 MW et sa production à 42,4 GWh ce qui équivaut à 0,4% de la production totale d'électricité en Tunisie [18]. Pour 2010, on prévoit de nouvelles constructions, une production de 200MW et une augmentation de la part de l'éolien à 6% du parc électrique (d'après les prévisions de l'Agence National des Energies Renouvelables ANER[1])

Donc, la contribution des énergies renouvelables au bilan énergétique tunisien reste limitée en raison du coût élevé des équipements et de la taille du marché. Pour faire face à ces contraintes, une commission nationale de maîtrise de l'énergie chargée d'élaborer un programme de rationalisation de la consommation d'énergie et de la promotion des énergies renouvelables à court et moyen termes a été créée en octobre 2000. La Tunisie a également élaboré une stratégie de développement des énergies renouvelables à long terme couvrant les trois prochaines décennies [19].

IV- Les différentes études proposées concernant le domaine éolien

Dans ce paragraphe, nous nous intéressons aux travaux antérieurs concernant la production de l'énergie électrique par des éoliennes. Les thèmes bibliographiques abordés concernent les différentes parties du système éolien allant de la modélisation du vent, aux turbines, puis les génératrices électriques, et les convertisseurs de puissance, enfin les problèmes concernant la liaison avec le réseau électrique.

Notre étude est focalisée sur les systèmes éoliens à base de machine asynchrone doublement alimentée.

1. Modélisation du vent

La modélisation du vent n'est pas d'une grande importance dans le cadre de nos études concernant les commandes, mais nous donnons à titre indicatif des exemples de recherches concernant ce sujet.

Poitier dans [20] considère le vent comme un processus aléatoire stationnaire. Le synoptique de la reconstruction du vent est donné à la Figure 1. 7

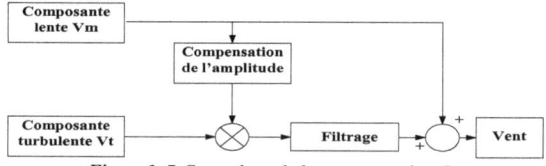

Figure 1. 7 Synoptique de la reconstruction du vent

---

[1] Statut de L'ANER : Créée en 1985, l'ANER est un établissement public à caractère non administratif, opérant sous la tutelle du Ministère de l'Indusrie et de l'Energie (actuellement ANME)
Mission : L'Agence a pour mission la mise en œuvre de la politique de l'État dans le domaine de la maîtrise de l'énergie, et ce à travers la promotion des Energies Renouvelables et des technologies propres dans les différents secteurs d'activité au bénéfice de l'ensemble des consommateurs Agence Nationale des Énergies Renouvelables.

Janosi dans [21] adapte le mode du vent appelé *Park scale coherence* qui représente la cohérence de la vitesse du vent pour différentes turbines et considère l'effet de la variation de la vitesse du vent dans le rotor de chaque turbine d'un parc éolien.

Dans [22] l'auteur examine le vent vu par un élément de pale en rotation : En un point, la vitesse peut être décomposée en une composante moyenne variant lentement plus des fluctuations :

$$V_0(t) = U(t) + g(t) \qquad\qquad (1.\ 5)$$

L'écart type décrivant la variabilité du vent sera comme suit :

$$\sigma_v = \sqrt{\frac{1}{\Delta t} \int_{t_0 - \frac{\Delta t}{2}}^{t_0 + \frac{\Delta t}{2}} g(t)^2 \, dt} \qquad\qquad (1.\ 6)$$

L'intensité des turbulences est définie par :

$$I = \frac{\sigma_v}{U} \qquad\qquad (1.\ 7)$$

avec U la valeur moyenne de la vitesse du vent

2. Turbine

Les modèles des turbines éoliennes proposés dans la littérature sont composés de trois éléments : la partie mécanique, le système aérodynamique et le système de commande des pales.

Santos dans [23] et Poitier dans [20] étudient chaque partie en détail et donnent les équations relatives.

Janosi dans [21] et Muller dans [24] s'intéressent plutôt à la commande mécanique des pales : Janosi étudie le cas d'une ferme éolienne bien spécifique (*Hagesholm wind farm*) où est appliquée une régulation mécanique des pales par *active stall*. Muller présente un classement par fabricant de l'utilisation de la régulation mécanique : pitch ou stall. D'après son tableau tous les systèmes à base de vitesse variable utilisent le pitch control.

La modélisation mécanique complète de la turbine peut être présentée par un modèle à trois masses [25] où chacun des trois éléments (pale, arbre et génératrice) est modélisé par un moment d'inertie, un coefficient de frottement et un coefficient d'élasticité. Mais pour des raisons de simplification, et sachant que la vitesse faible de la turbine rende les pertes par frottement négligeables par rapport à celles de la génératrice, et que le coefficient de frottement des pales est très faible par rapport au coefficient de l'air, certains auteurs adoptent le modèle à deux masses [26] (voir Figure 1. 8). La validité de ce modèle simplifié a été vérifiée dans [27].

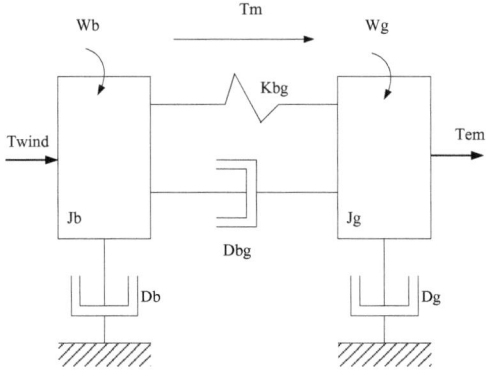

Figure 1. 8 Modèle mécanique[26]
Avec Db, Dg, Dbg représentent les coefficients de frottement des pales, de la génératrice et de l'arbre, Wb, Wg, les vitesses des pales et de la génératrice, Kbg, l'élasticité de l'arbre, Jb, Jg les moments d'inertie des pales et de la génératrice

3. Génératrices utilisées dans les systèmes éoliens

Les génératrices les plus utilisées dans les systèmes éoliens sont les machines asynchrones à cage avec une commande à vitesse fixe ou variable, les machines synchrones et les machines doublement alimentées avec commande à vitesse variable.

Certains auteurs s'intéressent à un type spécifique de génératrice électrique. Comme exemple les auteurs des références [28], [29],[30], [31], [33] présentent une étude détaillée d'un système éolien à base d'une machine à induction.

Dans [24], [34], [35], [36],[37],[38], [40], [41], [42], [43],[44], [45], [46], [47],[48], [49], [50],[51], [52], [53], [54], [55], [57], [58], [59], [60],[61] [62] [63] [64] [65] [66] [67] sont étudiées des systèmes éoliens à base de machines doublement alimentées.

D'autres auteurs s'intéressent à la machine synchrone à aimants permanents comme Chinchilla dans [69] et Niiranen dans [70].

La comparaison de tous ces systèmes ou d'une partie a fait aussi l'objet de plusieurs articles tels que [24], [39], [72], [73], [74], [75] : Polinder dans [74] adapte les critères de comparaison suivants :

- Le coût, la dimension et le poids
- Le rendement en énergie
- La fiabilité et la maintenance
- Le bruit audible
- La qualité de puissance
- Le comportement face aux défauts réseau

Il conclut que la machine doublement alimentée est favorisée pour la majorité de points sauf pour le comportement face aux défauts réseau où il faut trouver une solution pour éviter la déconnexion du réseau.

Bauer dans [75] conclut que les machines asynchrones sont les meilleures concernant le coût et le dimensionnement, les machines doublement alimentées sont les meilleures concernant la qualité de puissance et les machines synchrones sont les meilleures concernant le rendement en énergie et la maintenance.

Datta dans [73] adapte d'autres critères de comparaison :

- Les composants nécessaires pour réaliser le système
- Les zones de fonctionnement
- L'énergie produite

Il confirme que même si le fonctionnement à vitesse fixe est plus simple, il engendre une production d'énergie limitée. Concernant les systèmes à vitesse variable, travailler avec une machine doublement alimentée augmente l'énergie capturée.

Les auteurs dans [39] et [74] donnent un classement de ces génératrices par fabricant et par puissance, les tableaux qu'ils présentent montrent que la majorité des fabricants

(Vestas, NEG Micon, Gamesa, GE Wind et Nordex) optent pour des puissances allant de 0.66 MW à 4.2 MW pour les machines doublement alimentées.

L'étude statique de la machine doublement alimentée a été également l'objet de plusieurs publications telles que [42], [76], [77], [81], [82], [83].

La Figure 1. 9 représente le circuit monophasé équivalent d'une machine doublement alimentée en régime permanent, où V_r, V_s, I_r, I_s I_m représentent respectivement les tensions rotorique et statorique et les courants rotorique, statorique et de magnétisation, R_r, R_s les résistances rotorique et statorique L_r, L_s, M_{sr} inductances rotorique, statorique et mutuelle. Cette étude permet de déduire la relation en puissance suivante entre le rotor et le stator (Le détail du calcul est donné en [77]).

$$P_r = -g.P_s \qquad (1.\ 8)$$

Cette relation permet de déduire que la puissance rotorique est une fraction de la puissance statorique ce qui favorise le fonctionnement à vitesse variable. Elle permet aussi de déduire que, selon le signe du glissement (fonctionnement en hypersynchronisme (g < 0) ou en hyposynchronisme (g > 0)), la machine délivre de la puissance à travers le stator et le rotor, ou bien délivre de la puissance à travers le stator et l'absorbe à travers le rotor.

L'étude statique est aussi un moyen pour déterminer les limites de fonctionnement du système éolien [83], ce qui permet le dimensionnement des convertisseurs de puissance et du transformateur.

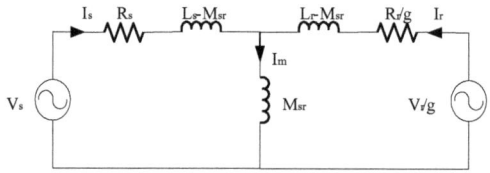

Figure 1. 9 Circuit monophasé équivalent de la MADA

Comme cela a été mentionné antérieurement, nous nous intéressons aux systèmes éoliens à base de machines asynchrones doublement alimentées, et particulièrement à la partie électrique du système (commande, circuit de puissance, machine électrique, connexion réseau…). Donc, par la suite, nous présentons les différents systèmes à base de MADA rencontrés dans la bibliographie.

Le système de puissance le plus proposé (Figure 1. 10) est constitué d'une machine doublement alimentée dont le rotor est lié au réseau à travers un convertisseur quatre quadrants alternatif/alternatif. Ce convertisseur est composé de deux convertisseurs DC/AC à MLI avec étage intermédiaire continu. Le stator est directement lié au réseau. Le transformateur assure l'adaptation des tensions et l'isolement galvanique. [24], [34], [35], [36],[37], [39], [40], [41], [42], [43],[44], [45], [46], [47],[48], [52], [54], [57].

Les principaux avantages de ce système sont :

- Un coût réduit des convertisseurs puisqu'ils sont généralement dimensionnés pour la puissance rotorique soit 25% de la puissance totale du système.
- Un coût réduit des filtres installés entre le convertisseur côté réseau et le transformateur : dimensionnés pour 25 % de la puissance totale du système.
- La possibilité de contrôle indépendant de la puissance active et réactive.

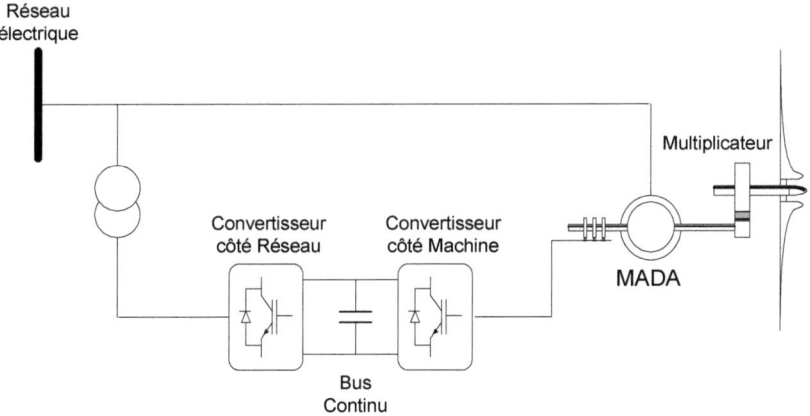

Figure 1. 10 Système éolien 1ere structure

La structure de la Figure 1. 11 ressemble au premier cas sauf que le convertisseur est un cyclo-convertisseur [38], [50]. L'inconvénient de ce modèle est le faible facteur de puissance.

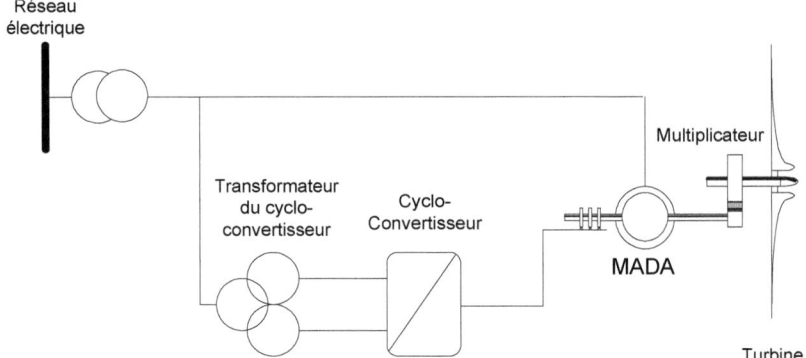

Figure 1. 11 Système éolien 2ème structure

Un autre schéma (Figure 1.12) est proposé avec deux convertisseurs, un du côté rotor et un autre du côté stator avec des capteurs de courant rotorique et statorique et un capteur de vitesse. Ce schéma ne figure pas dans la littérature comme système éolien mais plutôt pour un fonctionnement moteur [51][55] [56], mais une utilisation dans les systèmes éoliens reste possible

Les principaux avantages de ce système sont :

- Possibilité de travailler en quatre quadrants dans le plan vitesse couple avec une vitesse allant jusqu'à 1,7 de la vitesse estimée sans diminution du flux.
- Possibilité de fonctionnement du système même si l'un des convertisseurs est en défaut (un fonctionnement à puissance réduite).

Les inconvénients :

- Un coût plus élevé dû à l'utilisation d'un nombre double de convertisseurs de puissance

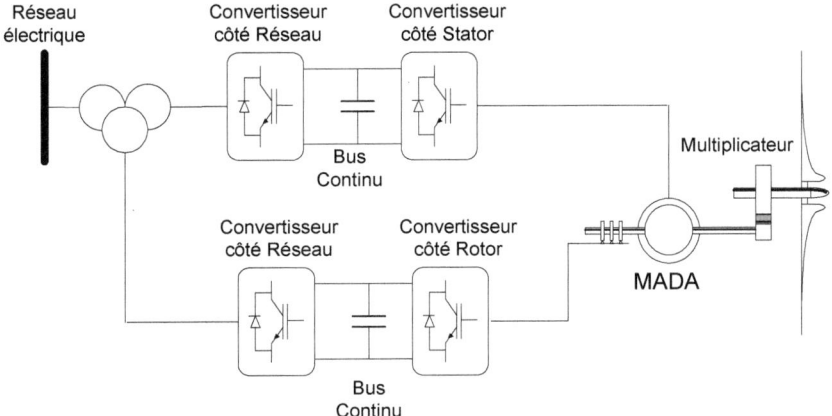

Figure 1. 12 Système éolien 3ème structure

La structure proposée dans [49], [53] (Figure 1. 13) est composée d'une machine doublement alimentée et deux convertisseurs partageant la même liaison continue (la même capacité continue) et connectés respectivement au rotor et au stator, la capacité est liée à un troisième convertisseur. Les principaux avantages de ce système :

-   L'existence de deux degrés de liberté additionnels pour le contrôle (le flux, le couple, la fréquence rotorique et le facteur de puissance peuvent être contrôlés indépendamment).
-   La possibilité de travailler dans une gamme de vitesse plus large.
-   Un meilleur rendement de la conversion dû à une meilleure poursuite de la vitesse optimale du vent.
-   Accroissement plus rapide du flux magnétique.
-   Bonne qualité de la puissance de sortie.

Les inconvénients sont :

-   La répartition du courant de court-circuit entre les convertisseurs du côté rotor et stator.
-   La possibilité de forcer l'annulation du flux à des vitesses rapides.

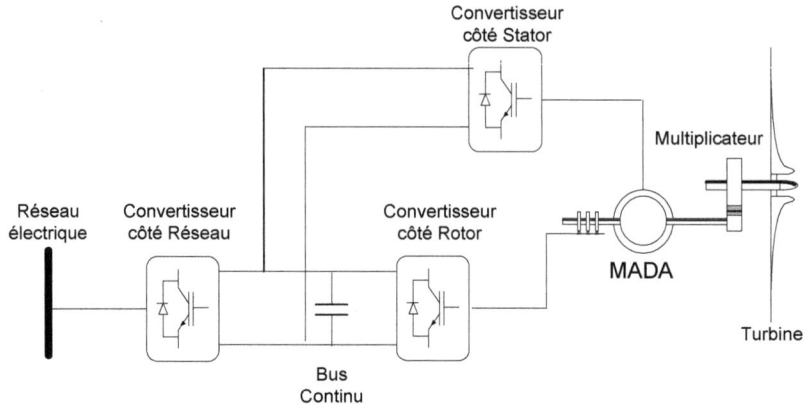

Figure 1. 13 Système éolien 4ème structure

4. Les convertisseurs de puissance

Kelber dans [38], donne l'évolution de la structure du système de puissance associé aux machines asynchrones doublement alimentées : Le premier type a utilisé des convertisseurs statiques avec des shunts ce qui permet la variation de la résistance rotorique.   Ensuite, on a introduit des onduleurs à thyristor connectés à des redresseurs à diode à la place des shunts afin de réduire l'énergie perdue dans les shunts (Système Scherbius). Puis il y a eu l'introduction des cyclo-convertisseurs au lieu des redresseurs à diode afin d'assurer le fonctionnement dans les quatre quadrants mais le problème de ce schéma est le faible facteur de puissance. Enfin on a opté pour la solution avec deux convertisseurs à base d'IGBT, ce qui assure simultanément le fonctionnement à quatre quadrants et une meilleure commande de la puissance réactive.

El Aimani dans [84] donne une comparaison entre plusieurs modèles de convertisseurs de puissance associés à la machine asynchrone doublement alimentée dans le système éolien : L'auteur présente une comparaison entre cinq modèles et met l'accent sur le sens de transfert de puissance et la possibilité de contrôler la vitesse dans les quatre quadrants ainsi que la puissance réactive pour chaque type.

Kelber dans [38], étudie le dimensionnement du convertisseur côté machine : il cherche à déterminer la puissance du convertisseur, pour garder le coût le plus faible possible. La puissance du convertisseur doit être déterminée à partir des paramètres du rotor de la machine, tels que la tension rotorique maximale et la puissance apparente maximale. Il note aussi que le dimensionnement du convertisseur dépend du point de fonctionnement (marge de vitesse), de la quantité de puissance réactive générée et des caractéristiques de la machine. Il déduit que pour travailler avec un facteur de puissance unitaire, le convertisseur doit être dimensionné pour au moins 12% de la puissance de la machine. Il indique que ce résultat est valable lorsqu'il n'a pas besoin d'une compensation de la puissance réactive et s'il n'y a pas influence des résistances du circuit rotorique.

Chinchilla dans [85] s'intéresse au convertisseur côté réseau. Elle étudie les limites de puissances transférées entre le convertisseur et le réseau, et utilise ceci pour le dimensionnement du convertisseur et pour déterminer les valeurs limites de références des puissances.

5. Modélisation et Commande

Dans la littérature plusieurs types de commande de système éolien ont été développés. Nous présentons une analyse des principales stratégies et nous définissons celle optée pour notre étude.

Les auteurs dans [72], [73], [86], [87], [88], [89], [90], [91],[92], [97], s'intéressent à l'utilité de la commande par vitesse variable pour un système éolien. En fait, la commande par vitesse variable permet une capture du maximum d'énergie à partir de la turbine. De plus, elle assure la diminution des fluctuations de puissance et la réduction du stress au niveau des composants mécaniques, l'arbre et le multiplicateur : Réduction du pic du couple dans le réducteur et l'arbre [66]. Elle garantit aussi une synchronisation rapide et en douceur avec le réseau pour toute vitesse et dans toute la gamme de fonctionnement [37].

La commande des convertisseurs connectés à la génératrice asynchrone du type doublement alimentée dans le système éolien est largement développée dans la bibliographie. Par la suite nous citons les stratégies de commandes les plus couramment utilisées :

Le contrôle vectoriel des deux convertisseurs côté machine et côté réseau est le plus largement traité ([24], [34], [36], [40], [41], [42], [45], [53], [94], [95], [96], [98], [139]). Cette commande est la plus simple à appliquer (Figure 1. 14).

La commande vectorielle par orientation du flux FOC (*Filed Oriented Control*) ou de la tension statorique SVO (*Stator Voltage Orientation*) se base sur une connaissance des positions spatiales du vecteur flux ou vecteur tension dans la machine par une transformation du repère de contrôle à un repère tournant lié soit au flux soit à la tension statorique. Elles permettent un contrôle séparé du couple et du flux.

L'application de ce type de commande au système éolien à base de MADA a été traitée dans plusieurs articles comme il a été mentionné ci-dessus. Par exemple, dans [34] les auteurs décrivent un système éolien à base de MADA directement connectée au réseau du côté stator et du côté rotor à travers deux convertisseurs. Ils utilisent pour le contrôle des convertisseurs la stratégie FOC. Les résultats sont validés sur un système éolien de puissance 7.5 KW.

Dans [53] et [139], on utilise le contrôle vectoriel mais avec élimination du capteur de vitesse.

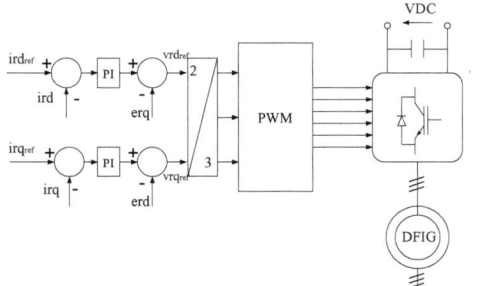

Figure 1. 14 : Schéma de commande du CcM par contrôle vectoriel

Le contrôle par DTC (Direct Torque Control) a été aussi introduit par plusieurs auteurs [37], [100],[101] (Figure 1. 15).

La commande par DTC (*Direct Torque Control*) est une stratégie développée dans le repère lié au rotor. Elle se base sur la commande du couple et du flux rotorique par deux blocs hystérésis dont les sorties sont liées à une table dite de commutation qui génère les commandes des interrupteurs du convertisseur de puissance. Les principaux avantages de ce type de commande est une dépendance minimale aux paramètres de la machine, une structure simple, et une grande performance dynamique ainsi qu'un faible temps de réponse [37].

Dans [37] les auteurs se sont surtout intéressés à la synchronisation avec le réseau. Leur but est d'assurer une synchronisation saine et rapide après une opération de déconnections. Ils ont alors utilisé la commande par DTC. Le principe est de basculer entre deux modes (mode standard et mode de synchronisation). Dans le cas du mode standard (c'est le mode qui nous intéresse dans le cadre de cette étude), ils génèrent le couple et le flux de référence à partir de la vitesse de la génératrice et de la puissance statorique réactive (à travers deux boucles externes de régulation) ce qui revient à contrôler ces deux grandeurs.

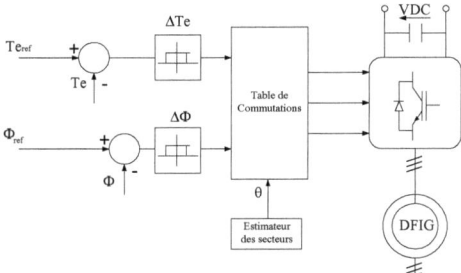

Figure 1. 15 : Schéma de commande du CcM par DTC

Les auteurs dans [100] proposent aussi une régulation du CcM par la stratégie DTC. Ils utilisent comme entrées la vitesse rotorique et le courant statorique réactif. Le schéma est un peu différent du précèdent mais le principe est le même.

Le contrôle par DPC (*Direct Power Control*) du convertisseur côté machine a aussi été largement présenté dans les publications ([97], [102], [103]) (Figure 1. 16). Ce type de contrôle est basé sur les mêmes principes que le DTC, sauf que le contrôle concerne directement les puissances statoriques active et réactive au lieu du couple et du flux rotorique. Une table de commutation donne l'ordre des commutations des interrupteurs du CcM en utilisant les sorties logiques des deux contrôleurs à hystérésis ayant pour entrées les puissances statoriques active et réactive réelles.

Dans [97] on impose une boucle de régulation de vitesse ayant pour référence la vitesse qui permet d'avoir le maximum de puissance. La sortie de cette boucle est la puissance de référence. La puissance réactive de référence est choisie selon le facteur de puissance désiré.

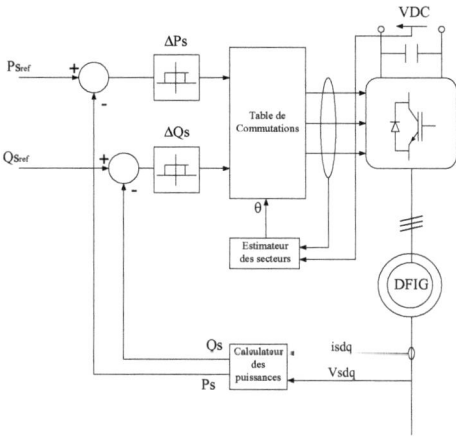

Figure 1. 16 Schéma de commande du CcM par DPC

Les auteurs dans [134] traitent aussi la commande du CcM dans un système éolien à base de MADA par la stratégie DPC. Ils détaillent l'algorithme qui permet le passage de la puissance statorique à la tension rotorique.

Il faut noter que le DPC présente une forte oscillation du couple, ce qui peut induire la limitation de la durée de vie du système mécanique [134].

De Alergria dans [103] donne une comparaison entre deux types de commande : le contrôle vectoriel et le DPC appliqués au convertisseur côté machine d'un système éolien à base de MADA. Les résultats montrent que le DPC donne de meilleurs résultats mais cause de grandes oscillations dans le couple.

Le contrôle du convertisseur côté réseau, est généralement un contrôle vectoriel. Le principe de ce contrôle est décrit par Arnalte dans [37]. Son but est de garder la tension constante du bus continu indépendamment de la puissance échangée entre les enroulements rotoriques et le réseau.

On note quand même une étude qui a appliqué le contrôle par DTC au Convertisseur côté Réseau (CcR). En effet, Tarkiainen dans [133] applique la commande par DTC au Convertisseur côté Réseau (CcR). Il ne spécifie pas le type de génératrice utilisée. Pour calculer le couple, il utilise la multiplication croisée du courant et du vecteur des flux du convertisseur et il génère les deux valeurs de référence à partir des puissances active et réactive de référence.

Fernández dans [105] combine le contrôle électrique des convertisseurs et le contrôle des pales (*pitch control*). Il utilise des régulateurs des puissances active et réactive agissant sur la tension rotorique et des régulateurs de l'angle des pales pour ajuster la vitesse de la génératrice.

Bhowmik, dans [106], s'intéresse à la commande par MPPT. Il présente un algorithme détaillant les différentes étapes de la génération du maximum de puissance.

Arnalte dans [77] démontre comment contrôler les puissances statoriques active et réactive par le courant rotorique. Il donne aussi les limites de puissance de la génératrice : il utilise la courbe P-Q pour montrer les points de fonctionnement sans dépassement des courants rotorique et statorique max et par conséquent sans échauffement. Cette courbe est bénéfique pour les opérateurs du réseau pour planifier le profil de la tension optimale.

D'autres auteurs s'intéressent à la commande par logique floue appliquée à un système éolien [78][79][80].

Dans[135] les auteurs introduisent le contrôle par retour d'état afin de surmonter les oscillations du courant. Dans ce cas, l'équation décrivant la dynamique des courants rotorique et statorique dans le repère tournant sera exprimée comme suit :

$$\frac{d\dot{x}}{dt} = Ax + Bu \qquad\qquad (I.\ 9)$$

Où le vecteur « x » correspond aux courants i_{sdq}, i_{rdq} et « u » au vecteur des tensions V_{sdq}, V_{rdq}.

Dans [136] les auteurs utilisent aussi la régulation par retour d'état mais pour montrer surtout son efficacité lors d'un court-circuit réseau.

Dans [86] les auteurs utilisent une autre technique c'est la régulation LQG pour contrôler les puissances active et réactive échangées entre la machine et le réseau.

Concernant le type des régulateurs utilisés dans les commandes adoptés, nous notons que les régulateurs PI et RST sont les plus classiques et sont utilisés dans plusieurs articles [47] [140] [60].

Nous concluons alors que la bibliographie est riche en méthodes et stratégies de commandes, appliquées aux systèmes éoliens, dont le choix dépend des objectifs visés et des contraintes que les auteurs se sont imposés.

En analysant les différents types de commandes mentionnés ci-dessus, nous notons que la majeure différence entre le contrôle vectoriel par rapport aux techniques DTC ou DPC, découle du choix du repère de travail. Ainsi, le contrôle vectoriel est dépendant des paramètres de la machine, ce qui n'est pas le cas pour le DTC et le DPC où on estime les valeurs et les positions du flux de la machine à travers une mesure de la tension. Notons aussi que la technique par contrôle vectoriel est bien plus ancienne (son application date de plus d'une trentaine d'années [137]). Cette méthode a été la plus traitée, la plus développée et bien sûr la plus appliquée dans l'industrie,

Une autre différence entre ces deux groupes de commandes réside dans le fait que, pour le DTC et le DPC il n'y a pas de contrôle explicite du courant.

On note aussi que l'utilisation de la tension pour estimer le flux conduit à la détérioration des performances du DTC pour les faibles vitesses [137]. Cette méthode conduit alors à une commutation non contrôlable des convertisseurs de puissance.

Des techniques ont été développées pour surmonter ce problème mais au détriment d'une sensibilité vis-à-vis des variations des paramètres de la machine [138]

6. Comportement du système éolien face aux défauts réseau

Assurer la continuité du fonctionnement et étudier le comportement des éoliennes durant les défauts réseau a fait l'objet de plusieurs recherches et constitue aujourd'hui l'orientation des investigations en termes de commande des systèmes éoliens à vitesse variable ([23], [39], [70], [107], [108],[110], [111], [112], [113], [114], [115], [116], [132]).

Soens dans [39] donne les différents types de problèmes qui peuvent surgir au niveau du réseau électrique et affecter le système éolien, ainsi que leurs origines :

-       la distorsion harmonique,
-       le déséquilibre de tension,
-       les transitoires,
-       les chutes de tension,
-       la variation de fréquence,
-       les flickers.

Il note que les chutes de tension sont identifiées comme étant l'incident le plus grave pour les éoliennes.

[30] s'intéresse spécialement aux perturbations de la phase et de l'amplitude des tensions réseau. Il montre que ces défauts peuvent êtres repartis en six types. Mais, selon la nature de la connexion du transformateur, on revient toujours à uniquement trois types qui peuvent influencer le système éolien à vitesse variable.

Petersson dans [107], Dirritch dans [108] et Seman dans [101] traitent le comportement de la machine asynchrone doublement alimentée face au défaut équilibré de la tension réseau.

Liao dans [110] analyse l'effet des harmoniques de faibles fréquences sur le système éolien. Il montre que ces harmoniques vont causer des oscillations dans la vitesse selon l'inertie et les conditions de fonctionnement de la machine, dont il faut tenir compte surtout pour les machines de petites et moyennes puissances. Pour éliminer ces harmoniques, on peut intervenir sur la commande de l'onduleur ou utiliser une compensation externe.

Serban dans [111] investigue plusieurs méthodes pour réduire les transitoires durant le défaut réseau. Il opte pour la méthode de réduction du courant rotorique par réduction de sa référence.

Morren dans [112] cherche à garder le système éolien connecté au réseau lors d'un défaut réseau et ceci par limitation du fort courant rotorique afin de protéger les convertisseurs. Son idée est d'établir un by-pass pour ces courants à travers des résistances connectées aux enroulements rotoriques. Il évoque aussi la possibilité d'alimenter le réseau par la puissance réactive lors du défaut pour faciliter le rétablissement de la tension.

Le circuit Crowbar est un moyen rapide pour dissiper l'énergie lors d'un défaut réseau. Ce circuit est conçu pour protéger les convertisseurs de puissance du courant rotorique. Ce circuit a été traité de plusieurs façons dans la bibliographie. Santos dans [23] donne une modélisation de ce circuit et étudie son contrôle. Niiranen présente dans [113] plusieurs montages possibles du circuit Crowbar. Il les repartit en deux groupes : les circuits actifs et les circuits passifs. Seman dans [101] utilise, dans sa simulation, un circuit Crowbar composé d'un pont de diode connecté à un thyristor en série avec une résistance. Le circuit est activé lorsque le bus continu atteint sa valeur maximale. Il compare les résultats avec et sans crowbar et montre qu'en mode transitoire les courants rotorique et statorique diminuent rapidement à une valeur inférieure à 1 p.u., ce qui permet de protéger le circuit rotorique. De plus, l'amplitude des oscillations du couple est réduite lorsque le crowbar est activé.

Plus de détails concernant les différentes structures du circuit Crowbar adoptées dans la littérature seront donnés au chapitre 4.

7. Exigences du réseau électrique (GCR : *Grid Code Requirement*)

La littérature s'est aussi intéressée aux réglementations concernant la connexion d'une ferme éolienne au réseau électrique. Belhomme dans [117] étudie les recommandations du réseau électrique français, Erlich dans [119] traite les règlements en Allemagne et Berger dans [120] traite celles de l'Union Européenne. Ces recommandations ont pour objet de préserver la sécurité et un fonctionnement sain du réseau, en plus de la qualité de l'alimentation.

Plusieurs aspects techniques sont considérés dans les textes de règlement :

- les besoins du réseau en puissance,
- le profil de la tension en régime permanent,
- la compensation de la puissance réactive,
- la qualité de la puissance,
- les procédures de protection du système,
- le comportement dynamique et la stabilité,
- l'échange de l'information entre le producteur d'énergie et le système opérateur.

Les GCR seront développés avec plus de détails au chapitre 4.

8. Démarrage et raccordement au réseau d'un système éolien

Un exemple de procédure du démarrage et du raccordement au réseau d'un système éolien a été détaillé au paragraphe II/7 de ce chapitre. Dans la littérature, il existe plusieurs variantes au niveau des détails mais la philosophie reste la même.

De Alergria dans [103] décrit la procédure de démarrage d'un système éolien à base de MADA. Le contrôle commence à fonctionner lorsque la vitesse du vent atteint 60% de la vitesse nominale. Premièrement, le bus continu doit être chargé, ensuite le rotor est alimenté avec du courant et la génératrice est magnétisée sans consommation de l'énergie. Quand la vitesse atteint 60% de la vitesse de synchronisme et la machine est proprement magnétisée, le stator est connecté au réseau et la commande fonctionne avec les conditions normales.

La synchronisation de la machine doublement alimentée avec le réseau est peu abordée dans la littérature. Arnalte dans [37] présente une stratégie de contrôle à base de DTC pour effectuer la synchronisation : Une régulation de la phase et de la fréquence de la tension est effectuée. Cette stratégie permet une rapide re-connexion après un défaut réseau.

V- Objectifs de l'étude, positionnement par rapport à l'étude bibliographique

La production de l'énergie électrique à l'aide de l'énergie éolienne fait appel à des compétences poussées dans des domaines multiples et variés tels que celui de l'aérodynamique, de la mécanique, de la résistance des matériaux, et des différentes disciplines du génie électrique (électrotechnique, électronique, automatique etc.), auxquels s'ajoutent les aspects environnementaux et de réglementation.   En effet, l'implantation d'une ferme éolienne de grande puissance, sur terre ou en offshore est un véritable défi technologique et humain.

Notre objectif dans le cadre de ce livre est d'étudier et de développer un système éolien à vitesse variable et à base de machine asynchrone doublement alimentée (MADA), connectée au réseau électrique et muni d'un système de commande adéquat afin d'obtenir le meilleur compromis coût/ fiabilité et d'atteindre des performances bien spécifiques.

L'étude bibliographique nous a permis de mieux orienter nos choix concernant le système de puissance ainsi que la stratégie de commande.   En fait, cette étude nous a permis de prendre connaissance des recherches les plus récentes, des problèmes souvent évoqués, et aussi de dégager les avantages et les inconvénients des systèmes proposés. En effet, vu les avantages de la structure présentée à la Figure 1. 10   (un dimensionnement réduit des convertisseurs de puissance, une possibilité de transfert des puissances active et réactive dans les deux sens et surtout le grand nombre de tel système implanté dans le monde), nous avons adopté pour une structure de puissance constituée d'une turbine connectée à travers un multiplicateur à une machine asynchrone doublement alimentée dont le stator est directement connecté au réseau et le rotor est alimenté à travers deux convertisseurs.

Concernant le type de contrôle nous choisissons le contrôle vectoriel par orientation du flux ou de tension statorique. En effet, ce type de commande a été le plus traité par la bibliographie même si pour ces dernières années nous commençons à voir des propositions de contrôle des systèmes éoliens par DTC ou DPC, (Le DPC et le DTC ont connu un développement pour surmonter leur majeur inconvénient qui est la haute fréquence de commutation).

Concernant les objectifs de commandes, nous avons orienté nos recherches vers l'amélioration du comportement de l'éolienne face aux défauts propres au système tels que les défauts capteur ou d'origines externes tels que les défauts réseau. Ces objectifs ont été guidés par les nouvelles orientations dans le monde, telles que les nouvelles exigences des réseaux électriques (GCR) où les opérateurs des réseaux électriques n'acceptent plus la déconnexion des fermes éoliennes même si le défaut est propre à leurs réseaux. Ceci est dû, à l'augmentation de la proportion de la puissance fournie par les générateurs éoliens et donc, le grand risque pour la totalité du réseau électrique. La commande aura aussi comme objectif de maximiser la puissance transférée au réseau, améliorer sa qualité, assurer une bonne stabilité du système, et avoir un temps de réponse minimal.

VI- Conclusion

Dans ce chapitre nous avons présenté une étude de l'aspect général de l'énergie éolienne. Nous avons commencé par une comparaison de l'énergie éolienne avec les autres sources d'énergie pour montrer ses particularités. En effet, les majeurs avantages sont la non pollution et la durée illimitée d'exploitation. En contre partie, le coût d'exploitation est relativement élevé par rapport à celui des autres sources d'énergie.

Ensuite, nous avons abordé l'évolution chronologique de l'énergie éolienne ainsi que ses applications. Nous avons aussi traité les problèmes du choix du site.

Après cela, nous avons donné un aperçu sur l'énergie éolienne en Tunisie. En effet l'utilisation de cette énergie reste limitée en raison du coût élevé des équipements et de la taille du marché, mais elle bénéficie d'un encouragement qui promet son développement au cours des prochaines années.

Une synthèse bibliographique présentée par la suite nous a permis de souligner que la littérature a concerné chacune des différentes parties du système éolien. Notre synthèse a commencé par les études concernant la modélisation du vent, des turbines, des génératrices électriques, et des convertisseurs de puissance. Ensuite, nous avons abordé les différents types de commandes adoptées pour les systèmes éoliens et nous avons présenté une analyse des principales stratégies. Nous avons également évoqué les réflexions bibliographiques concernant les problèmes qui peuvent surgir lors de la connexion du système éolien au réseau électrique ainsi que les réglementations correspondantes. En effet, assurer la continuité du fonctionnement et étudier le comportement des éoliennes durant les défauts réseau a fait l'objet de plusieurs recherches et constitue aujourd'hui l'orientation des investigations en termes de commande des systèmes éoliens à vitesse variable

Nous avons terminé ce premier chapitre par spécifier les objectifs de l'étude et notre positionnement par rapport à l'étude bibliographique menée.

Dans le chapitre suivant nous étudions la modélisation du système adopté et nous détaillons la structure de la commande.

Chapitre 2

Etude et commande du système éolien avec MADA

I-Introduction

Le système adopté dans cette étude est un système éolien à vitesse variable. En effet, la commande à vitesse variable présente plusieurs avantages tels que la réduction du stress mécanique au niveau de l'arbre et du multiplicateur, l'augmentation de la puissance transférée au réseau et la diminution des bruits acoustiques.

Le premier objectif de la commande du système éolien est de contrôler la puissance transférée au réseau pour assurer le fonctionnement optimal de la turbine tout en limitant la puissance en cas de vitesse trop élevée du vent.

Le système étudié (Figure 2.1) est constitué d'une turbine connectée à travers un multiplicateur à une machine asynchrone doublement alimentée (MADA) dont le stator est directement connecté au réseau et le rotor est alimenté à travers deux convertisseurs de puissance qui permettent un transfert bidirectionnel de puissance et dont le dimensionnement dépend de la marge de variation de vitesse.

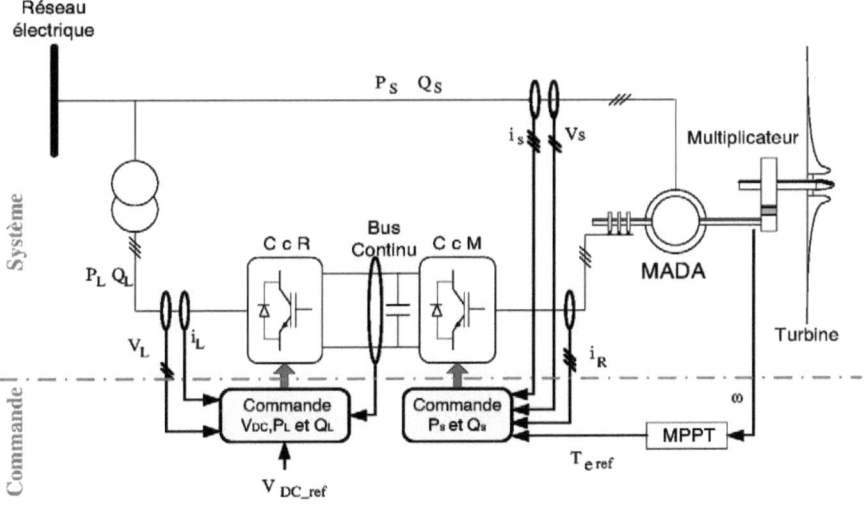

Figure 2. 1 Représentation du système éolien à vitesse variable

47

Donc le comportement de la génératrice est gouverné par les deux convertisseurs et leurs commandes dans le mode sain et en cas de défaut. En effet, la commande du convertisseur côté machine assure un contrôle indépendant des puissances statoriques active et réactive à travers le contrôle des courants rotoriques. Alors que le convertisseur côté réseau permet, d'un côté, de maintenir la tension du bus continu à une valeur constante quelque soit la valeur et la direction de la puissance transitée et d'un autre côté, de garantir en mode sain un facteur de puissance unitaire (puissance réactive nulle). Plus spécifiquement, on vise par la commande des convertisseurs de :

- Fonctionner avec un rendement optimal pour la plage considérée de variation de la vitesse du vent
- Améliorer la qualité de la puissance injectée au réseau et limiter les fluctuations causées par les variations du vent ou de la tension réseau
- Réduire les conséquences des modes défauts sur le système éolien
- Participer à la stabilité du réseau électrique
- Assurer une réponse rapide du système en mode transitoire

Vu la différence entre les constantes de temps électrique et mécanique du système éolien deux niveaux de contrôle doivent être envisagés :

- Un contrôle au niveau de la MADA avec une dynamique rapide pour contrôler indépendamment les puissances actives et réactives.
- Un contrôle lent au niveau de la turbine, qui supervise la commande des pales (*pitch control*) et génère la référence de la puissance active à la commande de la MADA.

Dans le cadre de notre étude, nous nous intéresserons au premier niveau du contrôle.

Ce chapitre est constitué de trois parties : La première traite la modélisation du système éolien avec ses deux parties électrique et mécanique, la seconde s'intéresse à la génération des limites de fonctionnement. La dernière partie présente l'étude et la mise en œuvre de la commande du convertisseur de puissance côté machine afin d'assurer les objectifs cités ci dessus.

II- Modélisation du système éolien à base de MADA

Dans la suite nous présentons en bref la modélisation des différents composants du système éolien étudié.

1   La partie mécanique

La partie mécanique de la turbine est constituée des pales qui sont fixées sur un arbre (tournant à une vitesse Ω_{arbre}) lié à un multiplicateur de rapport *m* (Figure 2. 2).

Pour la modélisation mécanique de la turbine, nous nous limitons à un modèle à une masse et ce en tenant compte des conditions de simplification suivantes :

- Répartition uniforme de la vitesse du vent sur toutes les pales donc l'ensemble des pales sera considéré comme une seule pale.

- Conception aérodynamique parfaite des pales, donc un coefficient de frottement des pales par rapport à l'air très faible.

- Pertes par frottement de la turbine négligeables comparées à celles de la génératrice (la vitesse de la turbine est faible par rapport à celle de la génératrice)

La vérification de la validité du modèle à une masse a été montré dans [27].

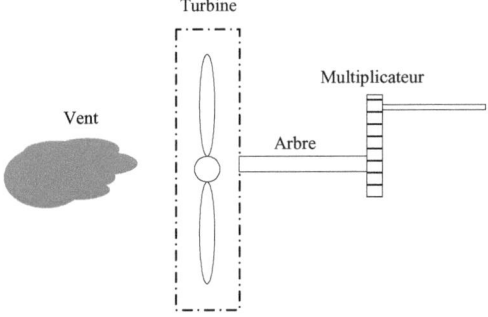

Figure 2. 2 La partie mécanique

Le synoptique utilisé pour élaborer la simulation (par l'outil Matlab Simulink) est présenté dans la Figure 2. 3, et donne le détail de chaque bloc :

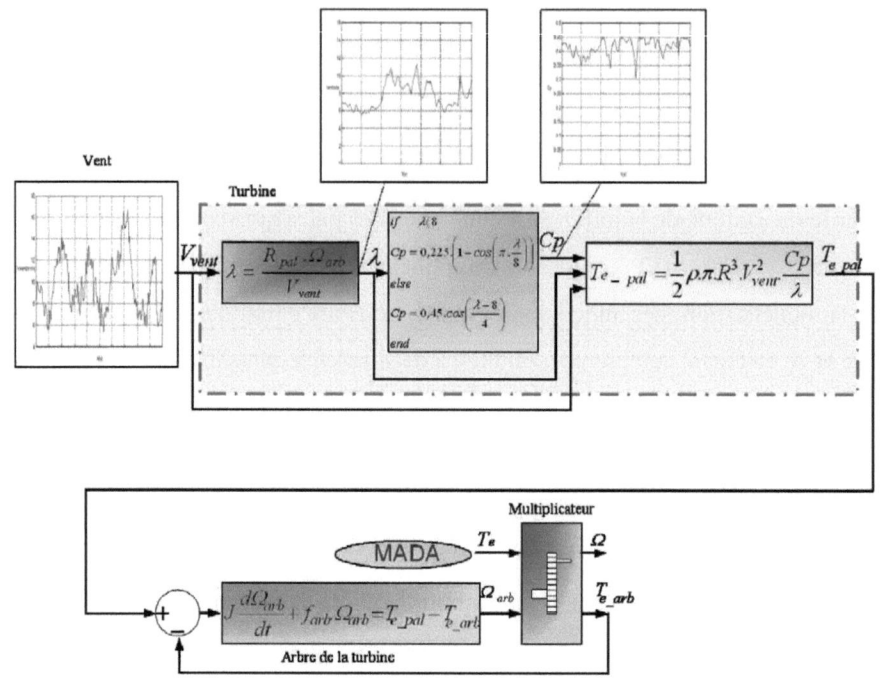

Figure 2. 3 Synoptique de la partie mécanique

1.1 Le vent

Le modèle du vent de la Figure 2. 4 présente une vitesse moyenne de valeur 9.71m/s.
Ce modèle a été utilisé pour valider la commande alors que pour le développement et
la mise en oeuvre nous avons adopté une vitesse constante du vent égale à sa valeur
moyenne.

Il est à noter que ce modèle provient des relevés expérimentaux fournis dans le cadre
d'un projet de coopération Tuniso-Espagnol avec l'Université Carlos III de Madrid
[118].

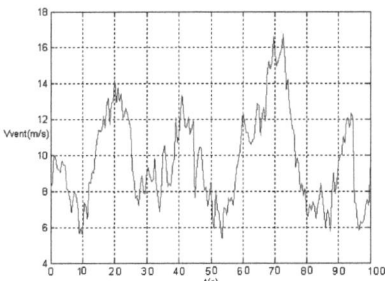

Figure 2. 4 Modèle du vent

1.2   La turbine

La turbine est caractérisée par les deux coefficients : le coefficient aérodynamique (Cp) et le ratio de vitesse (λ).

On note que le calcul de Cp est effectué par l'algorithme présenté dans la Figure 2. 3 [118].

Les figures 2.5, 2.6 et 2.7 présentent respectivement le coefficient Cp en fonction du temps, le coefficient λ en fonction du temps et Cp en fonction de λ. Les résultats de la simulation correspondent à ceux de l'étude théorique présentée dans le chapitre 1, et nous avons pour valeurs optimales λ_{opt} =8 et Cp_{max} = 0.45.

Les perturbations sur les caractéristiques des coefficients Cp et λ sont dues au profil du vent adopté (Figure 2. 4). On note que dans les conditions normales (pas de rafales) la vitesse du vent est moins perturbée que celle donnée par le profil de la Figure 2. 4.

Dans cette étude nous ne tiendrons pas compte de la variation de l'angle de l'orientation des pales (β) : on le supposera constant.

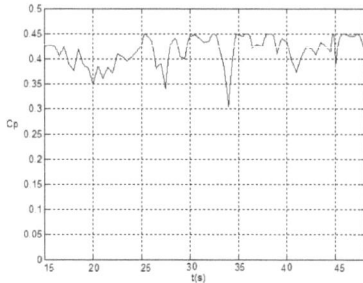

Figure 2. 5 Coefficient aérodynamique Cp en fonction du temps

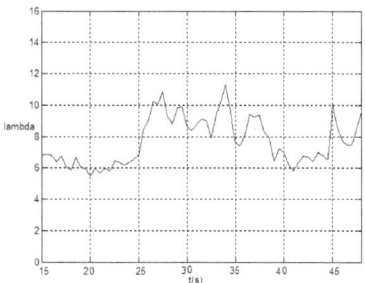

Figure 2. 6 Ratio de vitesse λ en fonction du temps

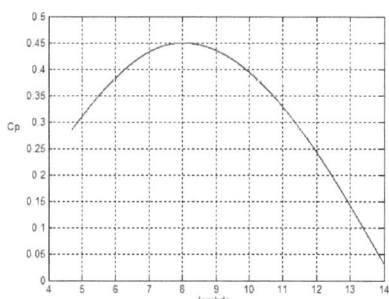

Figure 2. 7 Cp en fonction de λ

Aux vitesses élevées du vent (zone III de la Figure 1. 4), il est nécessaire de limiter la puissance d'entrée de la turbine. La méthode couramment utilisée pour contrôler la puissance aérodynamique pour les nouvelles turbines est le *Pitch control* (voir chapitre 1) : en dessous de la vitesse nominale du vent (zone II de la Figure 1. 4), la turbine doit produire le maximum de puissance possible en utilisant le *pitch angle* qui augmente l'énergie capturée. Au-delà de la vitesse nominale du vent le *pitch angle* est contrôlé de façon à garder la puissance aérodynamique égale à sa valeur nominale et ceci en réduisant les angles d'attaque (angle entre les pales et la direction du vent).

1.3 L'arbre

La vitesse de rotation de l'arbre est caractérisée par l'équation suivante :

$$J\frac{d\Omega_{arb}}{dt} + f_{arb}.\Omega_{arb} = T_{e\_pal} - T_{e\_arb} \qquad \textbf{\textit{(2. 1)}}$$

avec

J : moment d'inertie de toutes les parties tournantes (Kg.m^2)

f_{arb} : coefficient de frottement visqueux (Nm.s)

T_{e_pal} : couple de la turbine (N.m)

T_{e_arb} : couple de l'arbre de la turbine (N.m)

1.4 Le multiplicateur

Le multiplicateur permet d'adapter la vitesse de l'arbre de la turbine à celle de l'arbre de la génératrice. Il sera modélisé par un simple rapport de multiplication, noté m ($m = \dfrac{x}{y}$ passage de x tr/mn à y tr/mn). On a alors :

$$\Omega = m.\Omega_{arb} \qquad \textbf{\textit{(2. 2)}}$$

$$T_e = \frac{1}{m}.T_{e\_arb} \qquad \textbf{\textit{(2. 3)}}$$

2   La partie électrique

La partie électrique est composée de la génératrice (MADA), des convertisseurs de puissance (Convertisseur côté Machine CcM et Convertisseur côté Réseau CcR) séparés par un étage continu composé d'une capacité, et connectés au filtre puis au transformateur (Figure 2. 8).

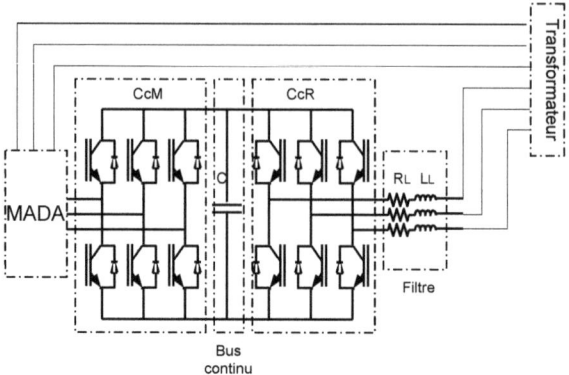

Figure 2. 8 Partie électrique du système éolien

2.1   Machine Asynchrone Doublement Alimentée (MADA)

Pour la modélisation de la machine asynchrone doublement alimentée, nous avons adopté la transformation de coordonnées, passant ainsi du système triphasé à un système diphasé. Nous avons choisi de travailler dans le repère fixe liée au stator, dit repère $\alpha\beta$.

Les hypothèses simplificatrices suivantes ont été prises en compte : Entrefer constant, influence de l'échauffement non pris en compte, circuit magnétique non saturé et pertes ferromagnétiques négligeables.

Nous déduisons alors les relations caractéristiques de la machine suivantes :

$$\begin{pmatrix} \dot{is}_\alpha \\ \dot{is}_\beta \\ \dot{\phi s}_\alpha \\ \dot{\phi s}_\beta \end{pmatrix} = \begin{pmatrix} c_1 & -\omega & c_2 & \omega c_3 \\ \omega & c_1 & -\omega c_3 & c_2 \\ -R_s & 0 & 0 & 0 \\ 0 & -R_s & 0 & 0 \end{pmatrix} \begin{pmatrix} is_\alpha \\ is_\beta \\ \phi s_\alpha \\ \phi s_\beta \end{pmatrix} + \begin{pmatrix} c_3 & 0 & c_4\cos\theta & -c_4\sin\theta \\ 0 & c_3 & c_4\sin\theta & c_4\cos\theta \\ 1 & 0 & 0 & 0 \\ 0 & 1 & 0 & 0 \end{pmatrix} \begin{pmatrix} vs_\alpha \\ vs_\beta \\ vr_\alpha \\ vr_\beta \end{pmatrix} \qquad \textbf{(2. 4)}$$

avec $c1 = -\dfrac{R_s L_r + R_r L_s}{\sigma L_s L_r}$; $c2 = \dfrac{R_r}{\sigma L_s L_r}$; $c3 = \dfrac{1}{\sigma L_s}$ et $c4 = -\dfrac{M_{sr}}{\sigma L_s L_r}$,

θ vérifie l'équation : $\dfrac{d\theta}{dt} = p\Omega$ et $\omega = p\Omega$

avec Ω la vitesse angulaire mécanique de la MADA

Les paramètres rotoriques se déduisent des paramètres statoriques présentés dans (2.4), on a donc :

54

$$\begin{cases} i_{r\alpha} = \dfrac{1}{M_{sr}}\left(\phi_{s\alpha} - L_s.i_{s\alpha}\right) \\[2mm] i_{r\beta} = \dfrac{1}{M_{sr}}\left(\phi_{s\beta} - L_s.i_{s\beta}\right) \end{cases} \qquad (2.\ 5)$$

et

$$\begin{cases} \phi_{r\alpha} = L_r.i_{r\alpha} + M_{sr}.\left(i_{s\alpha}.\cos\theta + i_{s\beta}.\sin\theta\right) \\[2mm] \phi_{r\beta} = L_r.i_{r\beta} + M_{sr}.\left(i_{s\beta}.\cos\theta - i_{s\alpha}.\sin\theta\right) \end{cases} \qquad (2.\ 6)$$

L'équation du couple électromagnétique est comme suit :

$$T_e = p\,\frac{M_{sr}}{L_r}\left(i_{s\beta}.\phi_{s\alpha} - i_{s\alpha}.\phi_{s\beta}\right) \qquad (2.\ 7)$$

Et la relation entre la vitesse rotorique et les impulsions statoriques s'exprime par :

$$\omega_s = \omega_r + p\Omega \qquad (2.\ 8)$$

2.2   Convertisseurs de puissance

Les deux convertisseurs de puissance utilisés sont des convertisseurs contrôlés par MLI fonctionnant à fréquence variable.

Les interrupteurs sont à base des IGBT montés en anti parallèle avec des diodes. Dans le cadre de cette étude nous les considérons comme des interrupteurs idéaux, bidirectionnels en courant et commandés à la fermeture et à l'ouverture.

Deux types de modélisation ont été effectués (Figure 2. 9) :

-   La modélisation par valeurs moyennes (MM) : les tensions de références issues de la commande sont directement générés au niveau de la machine, sous forme sinusoïdale.

-   La modélisation par valeurs instantanées : les commutations des semi conducteurs du convertisseur statique sont reproduites. Une stratégie de Modulation de Largeur d'impulsion donne, à partir des tensions de référence issues de la commande, les signaux de commande des interrupteurs, cette stratégie est basée sur la comparaison d'un signal triangulaire (porteuse) de fréquence 4 kHz (pour le CcM) et 1 kHz (pour le

CcR) au signal de référence image des tensions pour générer les impulsions de commande des interrupteurs des convertisseurs.

Il est à noter que l'avantage de l'utilisation de l'algorithme SVM par rapport à l'algorithme MLI classique est d'avoir 10% à 15% de tension de plus à la sortie du convertisseur, en plus de la réduction du taux de distorsion harmonique ainsi que des pertes par commutation des interrupteurs du convertisseur [99]

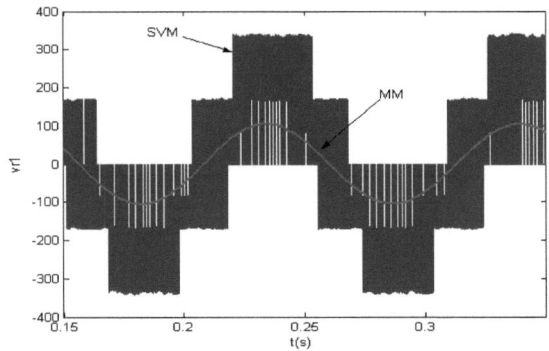

Figure 2. 9 Première Phase de la tension sortie du convertisseur côté machine par Modélisation aux valeurs Moyennes (MM) et Space Vector Modulation (SVM)

2.3   Bus continu

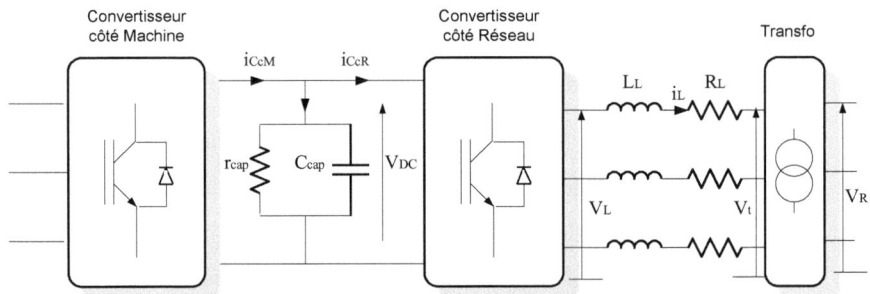

Figure 2. 10 Circuit de puissance

Le bus continu (Figure 2. 10) est modélisé par l'équation suivante :

$$C_{cap} \frac{d}{dt} V_{DC} + \frac{V_{DC}}{r_{cap}} = -i_{CcM} + i_{CcR} \qquad (2.\ 9)$$

2.4   Impédance de ligne

Le filtre (Figure 2. 10) est modélisé par l'équation suivante :

$$L_L \frac{d}{dt} i_L = (V_L - V_t) - R_L . i_L \qquad (2. 10)$$

Dans les paramètres du filtre (R_L et L_L) nous regroupons l'impédance du transformateur et celle des lignes.

2.5   Transformateur

Le transformateur est un élément essentiel dans la chaîne de conversion. Il joue un rôle double: d'un côté, l'isolation galvanique et d'un autre côté l'élévation de la tension générée par le système éolien afin de l'adapter à la tension réseau.

Comme l'impédance du transformateur a été intégrée avec l'impédance de ligne, et pour des raisons de simplification, nous limiterons son modèle à un simple gain m_t (Figure 2. 10) :

$$V_R = m_t . V_t \qquad (2. 11)$$

III- Limites de fonctionnement

Pour une turbine à axe horizontal, la puissance mécanique produite en régime permanent est donnée par :

$$|P_{méc}| = \frac{1}{2} \pi . \rho . R^2 . V_{vent}^3 . Cp(\lambda , \beta) \qquad (2. 12)$$

Pour des vents inférieurs à Vn (Figure 1. 4 zone II), pour extraire le maximum de puissance, le coefficient Cp doit être toujours maintenu à sa valeur maximale. En fait, le coefficient Cp atteint sa valeur maximale pour des valeurs optimales de λ et de β (dans le cadre de cette étude on ne considère pas la régulation mécanique donc on néglige l'effet de l'angle β). Concernant le paramètre λ, la commande va ajuster la vitesse du rotor de la turbine afin d'atteindre toujours le rendement optimal de vitesse λ_{opt} quelque soit la vitesse du vent, ce qui permet d'atteindre la valeur de Cp_{max} et par conséquent extraire le maximum de puissance :

$$|P_{méc\_max}| = \frac{1}{2} \pi . \rho . R^2 . V_{vent}^3 . Cp_{max}(\lambda_{opt}, \beta_{opt}) \qquad (2. 13)$$

La commande permet de fournir la puissance maximale pour un vent donné, tant que cette puissance est inférieure à la valeur nominale, ce fonctionnement est alors à vitesse variable. Une fois la puissance maximale atteinte, la commande change de stratégie, le fonctionnement devient alors à vitesse fixe égale à la vitesse maximale et la turbine transfère de la puissance nominale. (La limitation de puissance est réalisée en réduisant le coefficient *Cp* à l'aide du système d'orientation des pales : *pitch control*).

Par la suite, nous nous intéresserons au transfert de puissance au niveau de la MADA.

Nous considèrerons que le rendement du multiplicateur est égal à 1 et en prenant comme convention celle donnant le signe négatif pour les puissances entrantes à la MADA et positif pour les puissances sortantes. La puissance mécanique fournie à la MADA est présentée par l'équation (2.13). Cette puissance est transmise au réseau électrique à travers le stator et le rotor. La puissance rotorique (P_r) qui traverse le convertisseur de puissance est exprimée par une multiplication du glissement et de la puissance statorique (P_s). cette dernière peut être exprimée en fonction de la puissance mécanique et le glissement, les relations entre les différentes puissances sont données comme suit (Annexe 1) :

$$P_{méc} = -(P_s + P_r) \qquad (2.\ 14)$$

$$P_s = -\frac{P_{méc}}{1-g} \qquad (2.\ 15)$$

$$P_r = \frac{g}{1-g} P_{méc} \qquad (2.\ 16)$$

$$P_r = -g.P_s \qquad (2.\ 17)$$

$$g = \frac{\omega_s - p\Omega}{\omega_s} = \frac{\omega_r}{\omega_s} \qquad (2.\ 18)$$

Où ω_s, ω_r et Ω présentent respectivement la pulsation des courants statoriques fixée par le réseau électrique, la pulsation rotorique et la vitesse mécanique de la machine.

Donc, selon le signe de g, le type de fonctionnement sera en hyper synchronisme ou en hypo synchronisme et le flux de puissance dans le rotor sera entrant ou sortant selon le cas.

Mais dans les deux modes de fonctionnement (hyper synchronisme et hypo synchronisme) le stator délivre de la puissance au réseau (Figure 2. 11) .

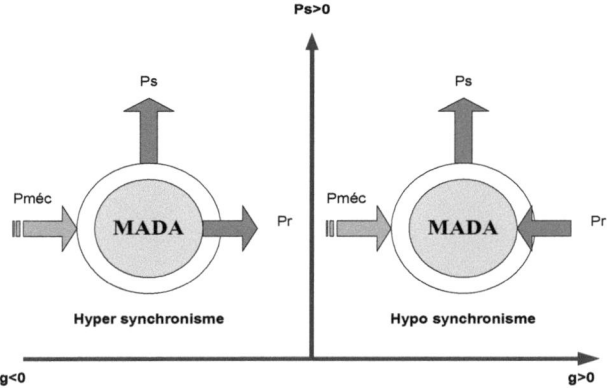

Figure 2. 11 Fonctionnement de la MADA en hyper synchronisme et en hypo synchronisme

- Fonctionnement en hyper synchronisme -1<g<0 : La machine tourne en survitesse donc nous avons les relations suivantes:

$$\omega \rangle \omega_s \qquad (2.\ 19)$$

$$P_{méc} \langle\ 0, \quad P_r \rangle\ 0, \quad P_s \rangle\ 0 \qquad (2.\ 20)$$

$$P_r \langle\ P_s \langle\ |P_{méc}| \qquad (2.\ 21)$$

- Fonctionnement en hypo synchronisme 0<g<1 : La machine tourne avec une vitesse inférieure à la vitesse nominale donc nous avons les relations suivantes:

$$\omega \langle\ \omega_s \qquad (2.\ 22)$$

$$P_{méc} \langle\ 0, \quad P_r \langle\ 0, \quad P_s \rangle\ 0 \qquad (2.\ 23)$$

Le dimensionnement des convertisseurs de puissance est déterminé d'après la marge de variation admise de la puissance rotorique, par conséquent dépend des courants et tensions maximales admises

Par la suite, nous cherchons à déterminer l'intervalle de variation du glissement, tout en imposant que le rapport de la puissance rotorique à la puissance mécanique ne dépassant pas le un quart (1/4), ceci pour limiter le dimensionnement des convertisseurs de puissance à un quart de la puissance de la MADA et garantir ainsi un coût faible par rapport aux autres configurations des systèmes éoliens.

Nous définissons le coefficient k_p :

$$k_p = \frac{P_r}{P_{méc}} = \frac{g}{1-g} \qquad (2.\ 24)$$

Ceci donne l'expression du glissement en fonction du coefficient k_p:

$$g = \frac{k_p}{1+k_p} \qquad (2.\ 25)$$

Nous imposons alors :

$k_p = -1/4$ pour le cas du fonctionnement en hyper synchronisme

$k_p = +1/4$ pour le cas du fonctionnement en hypo synchronisme

$$(2.\ 26)$$

Nous déduisons donc les valeurs limites du glissement correspondantes : $g \in$ [-1/3, 1/5]

Sachant qu'en balayant la totalité de la plage de variation du glissement $[g_{min}, g_{max}]$ la MADA passe de la vitesse Ω_{min} à la vitesse Ω_{max}, nous déduisons de (2.18) les expressions de deux vitesses Ω_{min} et Ω_{max} de la MADA

$$\begin{cases} \Omega_{min} = \dfrac{\omega_s}{p}\left(1 - |g_{max}|\right) \\ \Omega_{max} = \dfrac{\omega_s}{p}\left(1 + |g_{min}|\right) \end{cases} \qquad (2.\ 27)$$

Soit le rapport des vitesses min et max de la MADA définit par le coefficient k_Ω :

$$k_\Omega = \frac{\Omega_{max}}{\Omega_{min}} = \frac{1 + |g_{min}|}{1 - |g_{max}|} \qquad (2.\ 28)$$

Ceci implique :

$$k_\Omega = \frac{5}{3} \qquad (2.\ 29)$$

Donc nous déduisons que pour le rapport fixé de la puissance rotorique à la puissance mécanique ($k_p = 1/4$) nous avons un rapport de 5/3 entre la vitesse maximale à la vitesse minimale ($k_\Omega = 5/3$) et un glissement variant entre $-1/3$ et $1/5$.

La Figure 2. 12 donne une représentation graphique des équations (2.14), (2.15), (2.16), (2.17). Ces figures permettent de mieux comprendre la répartition des puissances dans le système à base de MADA pour tous les cas de figures (fonctionnement de la MADA en hyper synchronisme ou en hypo synchronisme), et de choisir facilement le point de fonctionnement que nous désirons.

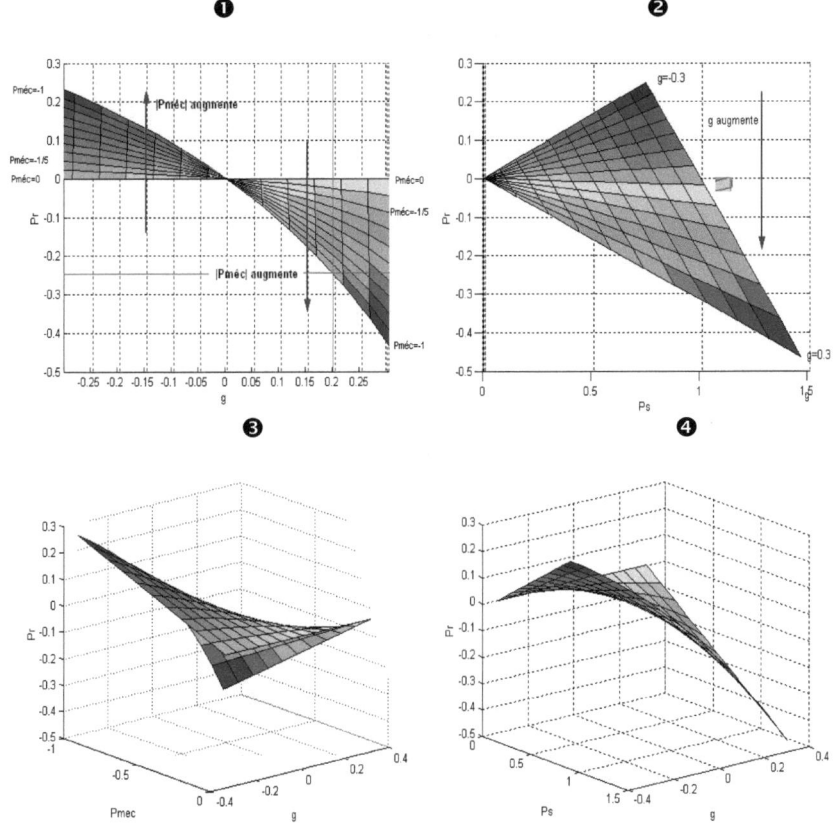

Figure 2. 12 : ❶ Pr=f(g) pour différentes valeurs de Pméc; ❷ Pr=f(Ps) pour différentes valeurs de glissement ;
❸ Pr=f(Pméc, g) ; ❹ Pr=f(Ps, g), toutes les valeurs sont en p.u

Donc par la suite nous étudierons la commande d'un système éolien à base de MADA fonctionnant en génératrice et muni de convertisseurs dimensionnés pour 25% de la puissance nominale de la MADA.

IV- Commande du système éolien

1 Commande vectorielle

Le système éolien illustré dans la Figure 2. 1 est composé d'une MADA dont le stator est directement connecté au réseau triphasé et dont les enroulements du rotor sont connectés au réseau à travers un convertisseur bidirectionnel en puissance. Ce dernier est composé de deux convertisseurs commandés séparément et connectés à un bus continu commun. Le comportement de la MADA sera donc gouverné par ces deux convertisseurs et leurs commandes dans tous les cas de fonctionnement : mode sain et mode défaut.

Nous avons adopté la stratégie de contrôle vectoriel avec orientation du flux statorique (FOC) pour le contrôle des convertisseurs de puissance.

La transformation de Park permet de ramener les valeurs du repère triphasé sur les axes du repère diphasé tournant (d,q) à la pulsation du réseau ω_s. Les grandeurs statoriques et rotoriques sont exprimées dans un même repère (Figure 2. 13).

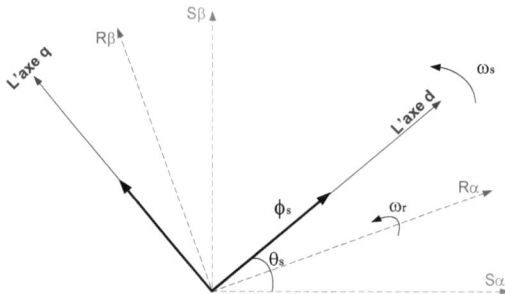

Figure 2. 13 Diagramme vectoriel de la MADA avec orientation du flux statorique (S_α et S_β repère lié au stator, R_α et R_β repère lié au rotor)

Les équations de Park dans le repère de travail s'écrivent :

$$\begin{cases} V_{sd} = R_s i_{sd} - \omega_s \phi_{sq} + \dfrac{d\phi_{sd}}{dt} \\ V_{rd} = R_r i_{rd} - \omega_r \phi_{rq} + \dfrac{d\phi_{rd}}{dt} \\ V_{sq} = R_s i_{sq} + \omega_s \phi_{sd} + \dfrac{d\phi_{sq}}{dt} \\ V_{rq} = R_r i_{rq} + \omega_r \phi_{rd} + \dfrac{d\phi_{rq}}{dt} \end{cases} \qquad (2.\,30)$$

Et les équations de liaison :

$$\begin{cases} \phi_{sd} = L_s i_{sd} + M_{sr} i_{rd} \\ \phi_{sq} = L_s i_{sq} + M_{sr} i_{rq} \\ \phi_{rd} = L_r i_{rd} + M_{sr} i_{sd} \\ \phi_{rq} = L_r i_{rq} + M_{sr} i_{sq} \end{cases} \qquad (2.\,31)$$

Le couple est déterminé comme suit :

$$T_e = p(\phi_{sd} i_{sq} - \phi_{sq} i_{sd}) \qquad (2.\,32)$$

Le choix du repère de travail lié au flux statorique conduit à :

$$\begin{cases} \phi_{sd} = \phi_s \\ \phi_{sq} = 0 \end{cases} \qquad (2.\,33)$$

Nous déduisons alors la relation de liaison entre les courants i_{rq} et i_{sq} :

$$i_{rq} = -\frac{L_s}{M_{sr}} i_{sq} \qquad (2.\,34)$$

Comme nous l'avons déjà souligné, notre objectif dans le cadre de cette étude est de réduire, les conséquences des modes défauts sur le système éolien. Notre action se limitera à la commande du convertisseur côté machine, donc nous développons par la suite cette commande.

2 Analyse de la commande du convertisseur côté machine

La commande du CcM est composée de deux parties : le bloc MPPT qui va permettre de maximiser la puissance extraite en imposant un couple de référence pour les zones de fonctionnement à référence de vitesse variable et la commande vectorielle qui permettra de générer les tensions rotoriques de référence.

La Figure 2. 14 présente les détails de la commande du convertisseur côté machine. La commande revient : premièrement à mesurer les courants rotoriques et statoriques ainsi que la tension statorique, puis à appliquer une transformation Concordia suivie d'une transformation de Park de telle sorte que toutes les grandeurs soient exprimées dans le même repère dq. Par la suite sont déterminés les estimateurs des flux rotorique et statorique ainsi que les estimateurs du terme de compensation. Puis les courants de référence sont générés en utilisant le couple de référence fourni par la fonction MPPT. Enfin, les tensions rotoriques de référence sont issues de la régulation des courants, et enfin, les impulsions de commande du convertisseur de puissance sont données par la stratégie MLI utilisée.

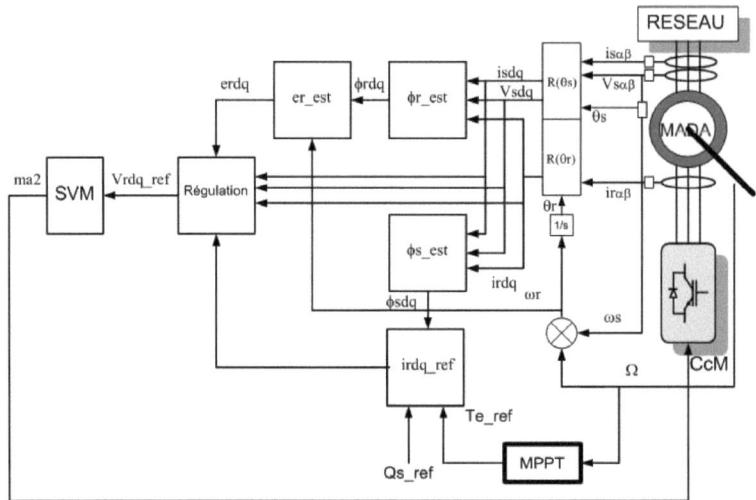

Figure 2. 14 : Schéma de la commande du convertisseur côté MADA

Nous détaillons par la suite chacun de ces étages de la commande.

2.1   Fonction MPPT

Le bloc MPPT symbolise l'algorithme d'extraction du maximum de la puissance (Maximum Power Point Tracking). Cet algorithme permet à partir des données de la turbine de définir le couple de référence à appliquer, pour que, à la vitesse du vent donnée la puissance extraite soit maximale.   L'étude est limitée à la zone de fonctionnement à référence de vitesse variable.

L'algorithme MPPT est basé sur la relation suivante :

$$T_{e\_arb\_ref} = \frac{1}{2}\pi.\rho.R^3.V_{vent}^2.\frac{Cp_{max}}{\lambda_{opt}}$$ *(2. 35)*

2.2   Contrôle vectoriel

2.2.1 Principe du contrôle

A partir de l'orientation choisie du flux (2.33) et de l'équation du couple (2.32), des équations de liaison (2.31) et (2.34) nous déterminons les références des composantes dq du courant rotorique :

$$\begin{cases} i_{rq\_ref} = -\dfrac{T_{e-ref}}{p\dfrac{M_{sr}}{L_s}\phi_{sd\_est}} \\[4mm] i_{rd\_ref} = \dfrac{1}{M_{sr}}\phi_{sd\_est} - \dfrac{L_s}{M_{sr}}i_{sd\_est} \end{cases}$$ *(2. 36)*

avec $T_{e\_ref} = \dfrac{1}{m}T_{e\_arb\_ref}$

Le flux statorique est obtenu à partir de la première équation de système donnant les équations de liaison (2.31). Concernant le couple de référence, il sera généré par la fonction MPPT (2.35).

Nous décrivons par la suite les étapes pour aboutir à l'algorithme de régulation :

Du système d'équation (2.31) nous déduisons l'expression de la composante directe du courant statorique :

65

$$i_{sd} = \frac{1}{L_s}\left(\phi_{sd} - M_{sr}i_{rd}\right) \tag{2.37}$$

Ce qui implique la nouvelle expression de la composante directe du flux rotorique :

$$\phi_{rd} = \sigma L_r i_{rd} + \frac{M_{sr}}{L_s}\phi_{sd} \tag{2.38}$$

En remplaçant cette expression dans le système (2.30) nous obtenons :

$$V_{rd} = R_r i_{rd} + \sigma L_r \frac{di_{rd}}{dt} - \omega_r \phi_{rq} + \frac{M_{sr}}{L_s}\frac{d\phi_{sd}}{dt} \tag{2.39}$$

Des équations du flux (2.31) et du courant i_{rq} en fonction de i_{sq} (2.34) nous déduisons l'expression de la composante en quadrature du flux rotorique en fonction de la composante en quadrature du courant rotorique :

$$\phi_{rq} = \sigma L_r i_{rq} \tag{2.40}$$

En introduisant cette valeur dans l'expression de V_{rq} (2.30) nous obtenons :

$$V_{rq} = R_r i_{rq} + \sigma L_r \frac{di_{rq}}{dt} + \omega_r \phi_{rd} \tag{2.41}$$

En négligeant les variations du flux statorique (2.33) , $\frac{d\phi_{sd}}{dt} = 0$, nous obtenons le système d'équations qui introduit l'algorithme de régulation :

$$\begin{cases} V_{rd} = \sigma L_r \dfrac{di_{rd}}{dt} + R_r i_{rd} - \omega_r \phi_{rq} \\ V_{rq} = \sigma L_r \dfrac{di_{rq}}{dt} + R_r i_{rq} + \omega_r \phi_{rd} \end{cases} \tag{2.42}$$

On note que même si la dynamique du système éolien est relativement lente par rapport à l'évolution des grandeurs électriques, les régulateurs de la commande vectorielle doivent être dimensionnés de façon à obtenir les performances les plus élevées possibles tant au niveau de la dynamique qu'aux niveaux de la robustesse vis à vis des variations de paramètres de la MADA et des perturbations.

Ces perturbations peuvent être engendrées par exemple aussi bien par des défaillances au niveau des capteurs ou au niveau du réseau.

La synthèse des régulateur est présentée en annexe 2, elle a été menée d'abord dans une approche contenue puis une approche discrète.(Figure 2. 15).

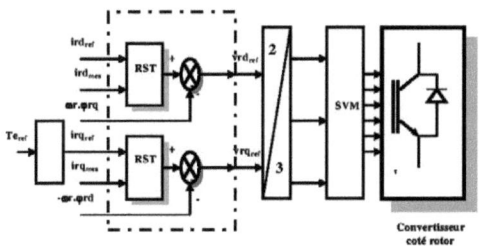

Figure 2. 15- Contrôle des courants rotoriques de la MADA

2.2.2 Evaluation du contrôle

L'intérêt de l'utilisation du régulateur échantillonné est qu'il permet de simuler le fonctionnement réel du système ainsi que l'implantation numérique de sa commande.

Pour évaluer les performances du système muni de la commande choisie, nous imposons un échelon de couple et nous montrons que la régulation suit bien les consignes, en termes de stabilité, de précision et de rapidité.

La Figure 2. 16 montre effectivement que les composantes directe et en quadrature du courant rotorique suivent bien les valeurs de référence avec un temps de réponse à 5% égal à 0.02s correspondant à la dynamique imposée en boucle fermée. Nous notons aussi que l'erreur statique est pratiquement nulle, d'où la bonne précision de la commande. La Figure 2. 17 présente la réponse du système éolien en termes de couple et de puissances active et réactive.

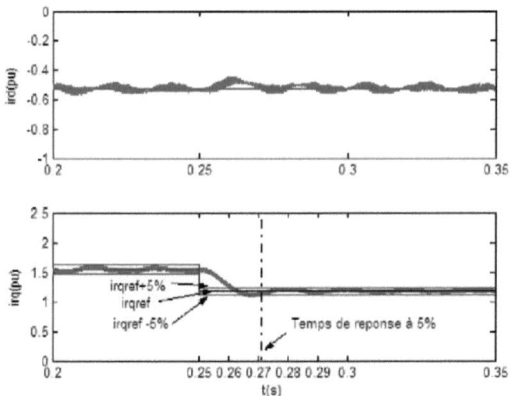

Figure 2. 16 Variation des composantes du courant rotorique pour un échelon de couple (à 0.25s)
(les valeurs sont en p.u.)

67

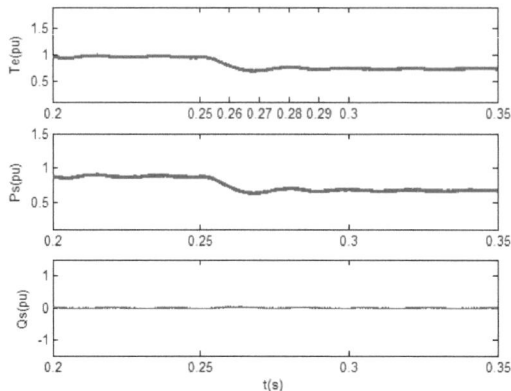

Figure 2. 17- Réponses du système éolien muni de régulateurs RST à un échelon de couple (à 0.25s)
(les valeurs sont en p.u.)

2.3 Introduction d'une boucle externe de régulation des puissances

Nous introduisons dans cette section une boucle externe de régulation de puissance.

Les puissances statoriques s'expriment comme suit :

$$\begin{cases} P_s = V_{sd} i_{sd} + V_{sq} i_{sq} \\ Q_s = V_{sd} i_{sq} - V_{sq} i_{sd} \end{cases} \qquad (2.\,43)$$

En négligeant les régimes transitoires du flux statorique et les chutes de tension ohmiques au stator, on peut écrire $V_{sd} \approx 0$, l'équation (2.43) devient alors :

$$\begin{cases} P_s = V_{sq} i_{sq} \\ Q_s = -V_{sq} i_{sd} \end{cases} \qquad (2.\,44)$$

En exprimant les références de courant données en (2.36) en fonction de la puissance statorique réactive de référence, nous obtenons :

$$i_{rd\_ref} = \frac{1}{M_{sr}} \phi_{sd\_est} + \frac{L_s}{M_{sr}} \frac{Q_{s\_ref}}{V_{sq}} \qquad (2.\,45)$$

$$T_e = p(\phi_{sd} i_{sq}) \qquad (2.\,46)$$

A partir de l'expression du couple (2.46) et des équations (2.31), (2.34), (2.36), nous obtenons la valeur de la composante en quadrature du courant rotorique de référence en fonction de la puissance statorique active :

$$i_{rq\_ref} = \frac{P_{s-ref}}{\frac{M_{sr}}{L_s}V_{sq}}$$ **(2. 47)**

Pour effectuer le contrôle des puissances statoriques, nous proposons une régulation par régulateurs RST de P_s et Q_s. Comme la régulation des puissances est effectuée par une boucle externe, cette boucle devra être plus lente que celle de régulation des courants (Figure 2. 18).

Les références des puissances statoriques active et réactive seront définis comme suit :

- P_{s_ref} découle de l'expression du couple de référence donné par le M.P.P.T.

- Q_{s_ref} dépendra du mode du fonctionnement : si nous sommes en mode sain nous la prenons nulle, si nous sommes en mode défaut nous opterons pour une valeur non nulle qui dépendra de la valeur du défaut (ce dernier cas sera détaillé dans le chapitre 4).

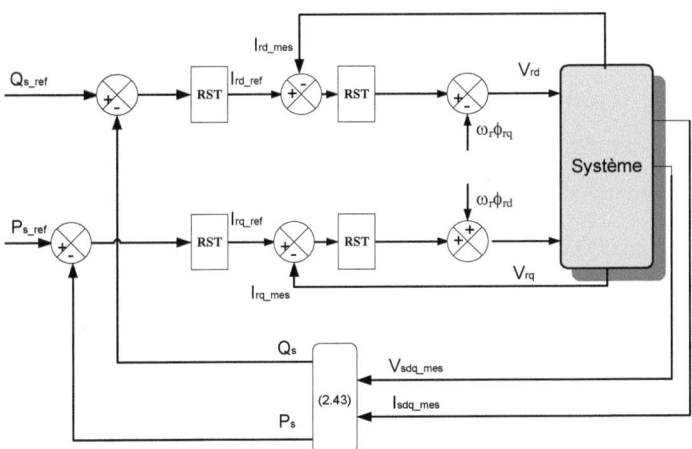

Figure 2. 18 Boucles de régulation des puissances statoriques et du courant rotorique

Pour évaluer la commande nous avons imposé à l'entrée un échelon de puissance, et nous avons vérifié les réponses. La   Figure 2. 19 confirme les performances de la commande, en effet le temps de réponse à 5% est égal à 0.04s et la commande satisfait nos exigences de stabilité et de précision.

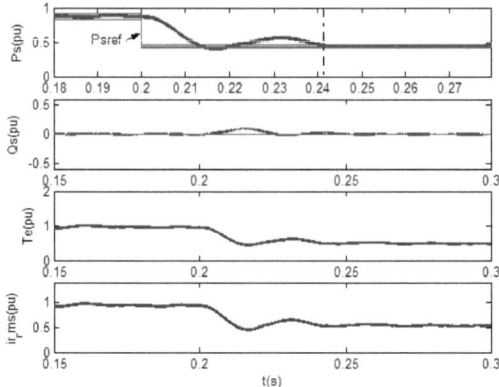

*Figure 2. 19 Réponses du système éolien muni du contrôle avec régulation de puissance,
toutes les valeurs sont en p.u*

3 Comparaison de différents types de contrôle

Nous présentons par la suite une comparaison entre deux types de commande : la commande adoptée dans notre étude qui est la commande vectorielle et un autre type de commande totalement différent du point de vue structure : DTC. Cette comparaison a pour but la valorisation et la mise en évidence des points faibles et des points forts de la commande vectorielle adoptée dans un système éolien. Cette comparaison sera menée en mode sain et elle sera reprise pour un mode de fonctionnement en défaut dans le chapitre 3.

La commande par DTC pour ce même système est développée au sein du laboratoire (L.S.E).

3.1 Suivi de consigne

Dans cette section nous étudions la réponse du système éolien avec les deux stratégies de commande DTC et FOC à un échelon de couple (l'échelon appliqué à l'instant 0.25s, fait passer la référence du couple de la moitié à la valeur nominale du couple).

Cette comparaison est basée sur l'analyse temporelle des réponses du système, en couple, en courant, en tension continue et en puissance (Figure 2. 20). On note que le couple suit mieux la consigne avec le DTC qu'avec le FOC. Pour ce dernier, le temps pour que le couple atteigne la nouvelle référence est de 0.02s, mais ceci ne présente pas un réel handicap vu que les systèmes éoliens n'exigent pas une réponse rapide en couple. La différence en réponse pour le couple est due au fait que le contrôle vectoriel est basé sur les régulateurs RST donc dépend des paramètres du régulateur. Alors que pour le DTC il n'y a pas de régulateur, le courant évolue librement pour assurer la réponse la plus rapide en couple. Mais il est à noter que la fréquence de commutation avec le DTC est très grande, elle n'est pas contrôlée mais dépend de la largeur de la bande d'hystérésis. La fréquence avec le FOC pour le contrôle du convertisseur côté machine est de 4 kHz.

Le contrôle du convertisseur côté réseau est assuré dans les deux cas par le même type de commande (contrôle vectoriel). La différence de résultats pour la tension du bus continu est due à l'influence du régulateur côté machine.

Le profil de vitesse ne présente pas une importante variation. Ceci est dû à la robustesse du système total.

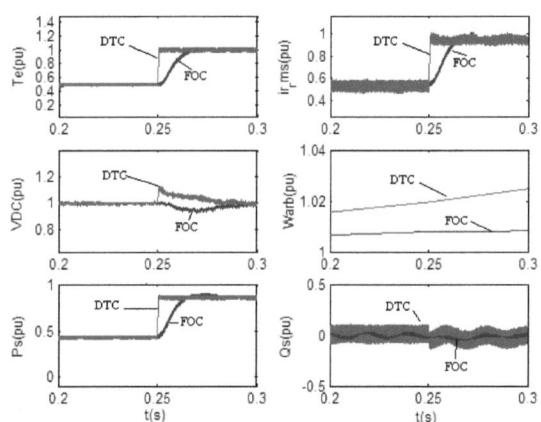

Figure 2. 20 Superposition des réponses du système éolien en utilisant deux stratégies de commande FOC et DTC dans le cas du mode sain (les valeurs sont en p.u.)

3.2 Cas de variation des paramètres de la machine

Dans le cas où les paramètres de la génératrice augmentent, à cause de l'échauffement (cas des résistances) ou diminuent à cause de la saturation (cas des inductances), on ne note pas d'importante modification dans le comportement du système. En fait, l'élévation de la tension correspondante sera négligeable pour la MADA.

Donc, dans la suite, seul le cas de mauvaise identification sera traité. Il est à noter que la résistance statorique n'intervient pas dans les deux types de contrôle. Nous traitons donc uniquement l'influence de la résistance rotorique puis l'influence des inductances rotorique et statorique.

3.2.1 Influence d'une mauvaise identification de la résistance rotorique

Dans la suite une mauvaise identification de la résistance rotorique R_r dans les deux stratégies de contrôle sera investiguée (Figure 2. 21).

La Figure 2. 21 présente les réponses du système éolien lorsque la résistance rotorique varie (R_r'=1.5 R_r) avec un changement du point de fonctionnement (un échelon du couple à l'instant 0.25s), pour les deux stratégies de commande.

On note que la commande à base de la stratégie DTC n'est pas influencée par une mauvaise identification de la résistance rotorique. Ce qui est normal puisque cette commande ne dépend pas de la résistance rotorique. Pour la commande vectorielle, elle présente une légère modification dans les composantes du couple, de puissance et du courant (un retard de 0.01s). Ceci est dû au fait qu'une mauvaise identification par augmentation de la résistance dans la commande entraînera une diminution de la constante de temps du régulateur ($\tau = Lr\sigma / Rr$). Par conséquent les composantes dq du courant rotorique réelle enregistreront un retard supplémentaire pour atteindre les valeurs de références. La simulation concerne un échelon du couple donc le problème se manifestera essentiellement dans la composante en quadrature du courant rotorique (2.36), se répercutera sur la composante en quadrature du courant statorique (2.34) et entraînera par conséquent le retard dans le couple (2.32) et la puissance statorique (2.43).

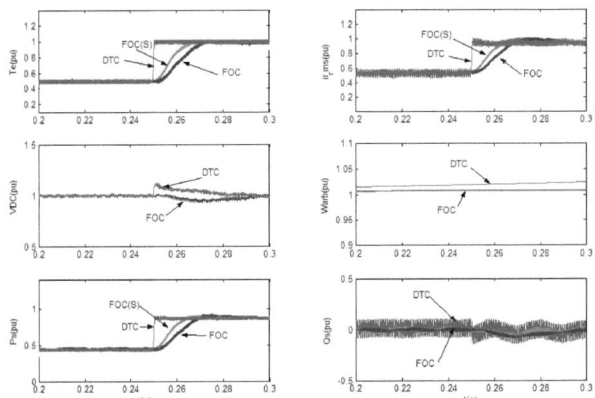

Figure 2. 21 Superposition des réponses du système éolien en utilisant deux stratégies de commande FOC et DTC dans le cas d'une mauvaise identification de la résistance rotorique ($R_r'=1.5*R_r$), FOC (S) est la réponse du système en mode sain (les valeurs sont en p.u.)

3.2.2 Mauvaise identification des inductances

La Figure 2. 22 illustre la réponse du système lorsque les commandes DTC et FOC sont définies avec une mauvaise identification des inductances rotorique et statorique de la génératrice ($L_r'=1.05\ L_r$, $L_s'=1.05\ L_s$).

Une mauvaise identification des inductances conduit à un changement en temps de réponse de la commande vectorielle. Dans ce cas (puisque L_r augmente) la constante du temps du régulateur ($\tau = L_r \sigma / R_r$) augmente d'où le changement des réponses en couple, en puissance et en courant dans l'autre sens par rapport au cas précèdent (voir paragraphe IV/3.2.1).

La mauvaise identification de l'inductance statorique L_s entraînera essentiellement l'augmentation de la composante en quadrature du courant rotorique de référence (2.36) ce qui explique l'augmentation de la valeur du courant rotorique par rapport à la valeur en mode sain.

Concernant la commande par DTC, on note essentiellement la diminution de la valeur du courant rotorique en la comparant à la valeur en mode sain. On rappelle que pour cette commande les valeurs de référence sont le couple et le flux rotorique or le flux rotorique de référence augmente (puisque Lr augmente voir équation (2.6)) donc le courant rotorique va diminuer pour garder la valeur du couple constante.

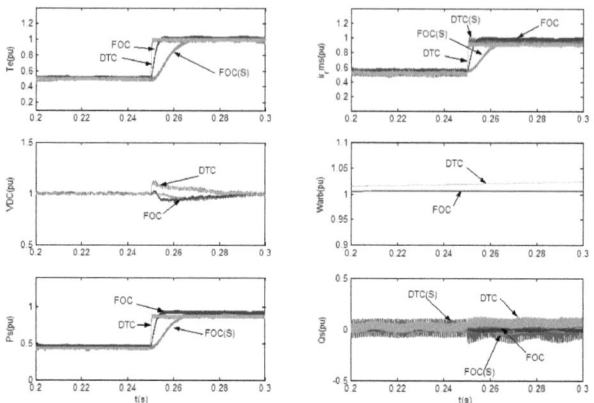

Figure 2. 22 Superposition des réponses du système éolien en utilisant deux stratégies de commande FOC et DTC dans le cas d'une mauvaise identification des inductances (L$_r$'=1.05*L$_r$, et L$_s$'=1.05*L$_s$,), DTC (S) et FOC (S) sont les réponses du système en mode sain (les valeurs sont en pu)

3.3   Analyse des résultats

En analysant les résultats de comparaison des deux types de commandes FOC et DTC, nous notons que le DTC est surtout influencé par une mauvaise identification des inductances, cette influence se manifeste par une diminution du courant rotorique. Mais il présente une réponse plus rapide pour le couple lors d'un changement de point de fonctionnement.

La réponse du système muni d'un contrôle FOC est plus lente que celle obtenue par DTC. Elle présente un temps de retard égale à celui imposé en boucle fermée.

Pour une mauvaise identification des paramètres de la machine le FOC présente une légère variation du temps de réponse ainsi une augmentation dans du courant rotorique.

V- Conclusion

Dans ce chapitre nous avons commencé par décrire la modélisation de tous les éléments du système éolien objet de notre étude, ensuite nous avons abordé les limites de fonctionnement du système, afin de déterminer ses marges de fonctionnement.

Par la suite nous avons présenté en détail le type de commande adopté dans notre étude (FOC) et nous l'avons comparé à une autre stratégie avec une évaluation des avantages et des inconvénients de chaque type.

La comparaison en mode défaut qui sera effectuée dans le chapitre suivant confirmera notre choix.

Dans le chapitre suivant nous étudions aussi l'influence des perturbations (internes ou externes) sur le système éolien munis de la commande FOC.

Chapitre 3

Reconfiguration de la commande en vue d'une continuité de service

I- Introduction

Toute perturbation ou anomalie, propre au système éolien (par exemple un défaut capteur) ou d'origine extérieure (par exemple un défaut au niveau réseau), peut avoir des conséquences néfastes sur la continuité et la qualité de l'énergie produite.

Notre premier objectif est d'assurer la continuité de service, or nous distinguons deux types de défauts, de faible amplitude et de grande amplitude. Pour les premiers, la reconfiguration de la commande peut suffire pour retrouver un fonctionnement avec le minimum de perturbations, mais pour le second type, nous devons intervenir sur la structure de puissance ainsi que la commande associée pour atteindre notre objectif de continuité de service.

Dans le cadre de ce chapitre, nous traitons le cas où la reconfiguration de la commande suffit. Nous étudions l'influence du défaut sur le système et la reconfiguration de la commande pour remédier ou minimiser les effets de ce problème.

Deux types de défauts seront traités : Le premier concerne les capteurs de courant. Ce sont des composants électroniques qui peuvent devenir défaillants facilement. Le deuxième est le défaut réseau. En effet, malgré les grands progrès enregistrés dans le domaine des réseaux de distribution et de production d'électricité, le réseau électrique est constamment soumis à de multiples perturbations qui sont généralement dues aux intempéries, foudres, parasites extérieurs, défaillances du circuit de distribution etc. Les types de défaut réseau sont multiples. Dans le cadre de cette étude nous nous limitons aux défauts de creux de tension et de variation de fréquence.

Ainsi ce chapitre est destiné à l'étude du comportement du système éolien face aux différents défauts capteurs de courant et réseau. Nous commençons par détailler les problèmes liés aux défauts capteur et nous proposons un algorithme de reconfiguration de la commande pour les surmonter. Ensuite, nous décrivons les défauts réseau, leurs impacts sur le système éolien, et comment minimiser leurs influences par un bon choix des estimateurs du flux rotorique et statorique. Dans ce chapitre, nous nous limiterons aux défauts réseau de faibles amplitudes, qui ne nécessitent pas une reconfiguration de la structure de puissance mais uniquement de la commande. A la fin du chapitre, une comparaison des performances de plusieurs types de commandes face aux défauts réseau sera présentée.

II- Défaut capteur du courant

1. Position du problème

Pour assurer la commande du système présenté au chapitre 2, plusieurs capteurs sont mis en place. Mais, vu la sensibilité de ces composants, ils peuvent être eux mêmes source de problème pour le système.

Dans la littérature concernant les systèmes éoliens, on ne parle pas beaucoup des capteurs de courant (à part [130] où l'auteur précise que le type de capteur de courant utilisé dans les systèmes éoliens ; c'est le capteur à effet de hall technologie à boucle fermée) ; de leurs défauts non plus. Par ailleurs, nous pouvons voir que pour d'autres systèmes, la bibliographie traitant les défaillances des capteurs de courant est abondante.

On peut la partager en deux groupes, un concernant la détection, et l'autre la reconfiguration de la commande. Les auteurs dans [121],[122], [123] , [124], [125] mettent l'accent sur la détection du défaut et son isolation en utilisant des modèles mathématiques tels que l'approche par espace de parité ou l'approche observateur.

Par contre, les auteurs dans [126] et [127] ont proposé, pour assurer la continuité du fonctionnement en présence de défaut du capteur de courant, de changer le signal du capteur défaillant, par une valeur estimée, et ceci en reconstituant les courants de phase à partir des mesures du courant continu [123], [128] ou par la mesure des courants de trois phases et l'utilisation de leur somme[122].

Les auteurs dans [129] ont plutôt proposé la compensation de la mesure erronée du courant en utilisant le signal de sortie de l'intégrateur du régulateur PI.

Par la suite nous traitons de près le cas de défaut capteur pour évaluer son influence sur le fonctionnement du système éolien. Dans le cadre de cette étude, nous nous intéressons spécialement à la commande du convertisseur côté machine (Figure 3. 1). Pour effectuer cette commande, nous avons recours au calcul des flux rotorique et statorique (comme détaillé au chapitre 2) ce qui nécessite la mesure des courants rotoriques et statoriques selon les équations, de liaison (3.1), donc l'utilisation des capteurs correspondants.

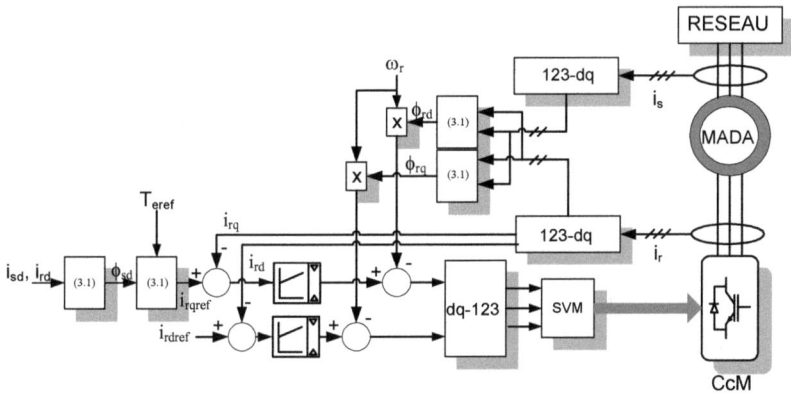

Figure 3. 1 Commande du Convertisseur côté Machine (CcM)

$$\begin{cases} i_{rd\_ref} = \dfrac{1}{M_{sr}}\left(\phi_{sd} - L_s.i_{sd\_m}\right) \\[2mm] i_{rq\_ref} = \left(-\dfrac{L_s}{p.M_{sr}}\right)\dfrac{T_{e\_ref}}{\phi_{sd}} \\[2mm] \phi_{rd} = L_r.i_{rd\_m} + M_{sr}.i_{sd\_m} \\[1mm] \phi_{rq} = L_r.i_{rq\_m} + M_{sr}.i_{sq\_m} \\[1mm] \phi_{sd} = L_s.i_{sd\_m} + M_{sr}.i_{rd\_m} \end{cases} \qquad \textbf{\textit{(3. 1)}}$$

L'indice *m* désigne les valeurs mesurées ou obtenues à partir des grandeurs mesurées.

Notre étude des défauts des capteurs de courant consiste à développer un algorithme de détection et isolation du capteur en défaut, puis de reconfiguration de la commande pour éviter les mesures erronées de ce capteur dans la boucle de régulation et assurer ainsi un contrôle avec les valeurs réelles du courant [153].

Par la suite nous détaillons l'algorithme de détection du défaut et de reconfiguration de la commande, mais tout d'abord, nous montrons l'influence d'un défaut capteur de courant sur le système, pour mettre en valeur l'impact d'un tel incident.

Les problèmes des capteurs que nous traitons sont les erreurs d'offset et de gain. Leurs modélisations sont exprimées respectivement par (3.2) et (3.3)

$$ix_{i_m} = ix_i + \Delta i_i \qquad\qquad (3.2)$$

$$ix_{i_m} = ix_i\left(1 + k_i\right) \qquad\qquad (3.3)$$

Où ix_{im} est le courant mesuré par un capteur en défaut, ix_i le courant de phase réelle, Δi_i et k_i sont des constantes correspondantes respectivement aux valeurs d'erreur de l'offset et du gain, et l'indice i indique le numéro de la phase.

La variation du courant d'une phase rotorique ou statorique va se répercuter sur les composantes dq du courant en question sous forme d'oscillations. Ces oscillations se retrouveront sur les composantes dq du flux rotorique et statorique (3.1) par conséquent sur les termes de compensation $\omega_r\phi_{rdq}$, d'où la perturbation du signal de référence V_{rdq} (2.42). Par conséquent toutes les variables du système éolien seront affectées par ce défaut.

Ceci est confirmé par les résultats de simulation. En effet, la Figure 3. 2 montre l'effet du défaut capteur de courant rotorique i_{r1}(5% du gain) : On note des oscillations sur le couple, le courant rotorique et les puissances statoriques qui atteignent jusqu'à 30 % des valeurs nominales.

La Figure 3. 3 présente l'effet du défaut capteur de courant statorique i_{s1} (5% du gain) : On note des oscillations sur le couple, le courant rotorique et les puissances statoriques qui atteignent 10 à 20% des valeurs nominales. L'effet d'un défaut sur un capteur statorique est moindre que celui d'un défaut sur un capteur rotorique. Ceci est dû au fait que la boucle de régulation des courants rotoriques amplifie l'effet des erreurs de mesure.

L'effet de l'erreur offset sur un capteur de courant statorique est présenté à la Figure 3. 4 , on remarque qu'une erreur de 1% cause un premier pic de 10% de la valeur nominale pour le couple, le courant rotorique et les puissances statoriques.

Ces oscillations sont néfastes pour le système éolien. En effet, les harmoniques du couple peuvent entraîner à la longue des problèmes mécaniques alors que les harmoniques des puissances, vont affecter la qualité de la puissance transmise au réseau.

Nous avons présenté le cas des faibles défauts, mais il est à noter que le problème s'aggrave avec l'intensité de ces défauts. Le pire des cas est lorsque le capteur est détérioré complètement, c'est à dire lorsqu'il donne une valeur de courant nulle (voir Figure 3. 5   ).

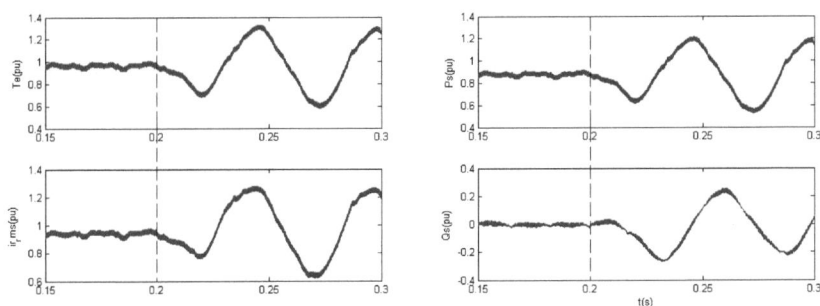

Figure 3. 2 L'effet d'un défaut capteur de courant ir1 (5% du gain à l'instant 0.2s) sur le couple électromagnétique (T$_e$), Le courant rotorique (Ir_rms), les puissances statoriques (active P$_s$ et réactive Q$_s$) toutes les valeurs sont en p.u.

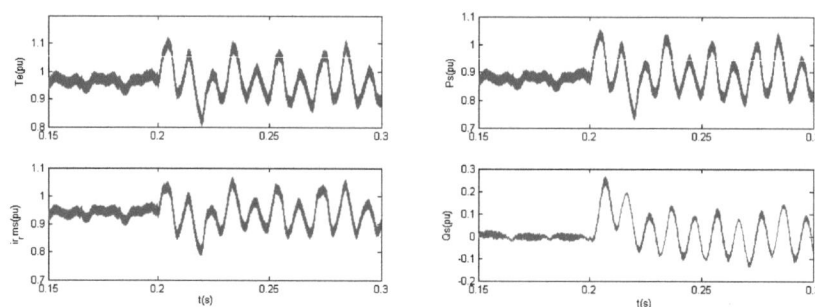

Figure 3. 3 L'effet d'un défaut capteur de courant is1 (5% du gain à l'instant 0.2s) sur le couple électromagnétique (Tₑ), Le courant rotorique (Ir_rms), les puissances statoriques (active Pₛ et réactive Qₛ) toutes les valeurs sont en p.u.

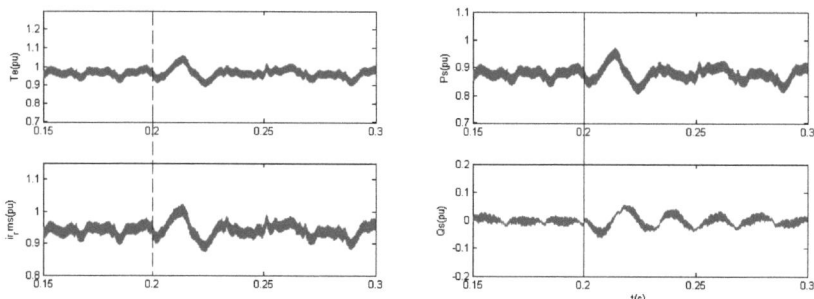

Figure 3. 4 L'effet d'un défaut capteur de courant is1 (1% offset à l'instant 0.2s) sur le couple électromagnétique (Tₑ), Le courant rotorique (Ir_rms), les puissances statoriques (active Pₛ et réactive Qₛ) toutes les valeurs sont en p.u.

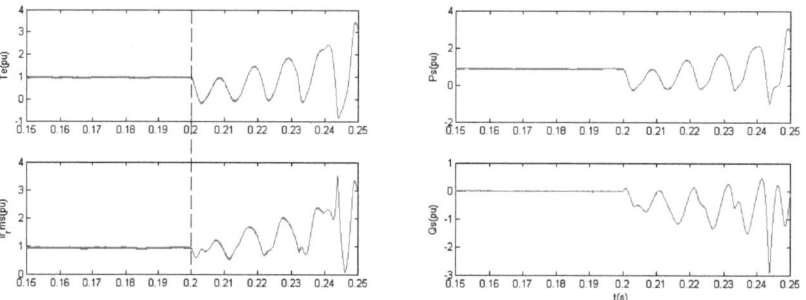

Figure 3. 5 L'effet d'un défaut capteur de courant is1 =0 à l'instant 0.2s sur le couple électromagnétique (Tₑ), Le courant rotorique (Ir_rms), les puissances statoriques (active Pₛ et réactive Qₛ) (toutes les valeurs sont en p.u.)

2. Détection du défaut

La méthode la plus simple pour détecter un défaut capteur est de faire la somme de trois courants de phase (3.4), si cette somme est différente de zéro c'est qu'il y a un défaut capteur.

$$ix_1 + ix_2 + ix_3 = 0 \qquad\qquad (3.\ 4)$$

Le symbole x présente simultanément les composantes statoriques $(x = s)$ et les composantes rotoriques $(x = r)$.

Mais, cette méthode ne permet pas de spécifier le capteur en défaut.

La méthode présentée dans cette section se base sur deux notions : la redondance de mesure des courants et la relation (3.4), avec l'utilisation de trois capteurs au lieu de deux uniquement.

En effet, l'utilisation de trois capteurs de courant au lieu de deux permet une formulation multiple des composants $\alpha\beta$ du courant. Par exemple, le composant $ix\alpha$ peut être calculé avec uniquement la mesure de la phase une du courant (le cas de $ix\alpha_2$), ou avec la mesure des courants de la deuxième et la troisième phase (le cas de $ix\alpha_3$) (voir Tableau 3. 1).

Capteur en défaut➜ Quantités invariables ⬇	ix_1	ix_2	ix_3
$ix\alpha_1 = \sqrt{\dfrac{2}{3}}ix_1 - \sqrt{\dfrac{1}{6}}\left(ix_2 + ix_3\right)$			
$ix\alpha_2 = \sqrt{\dfrac{3}{2}}ix_1$		+	+
$ix\alpha_3 = -\sqrt{\dfrac{3}{2}}\left(ix_2 + ix_3\right)$	+		
$ix\beta_1 = -\sqrt{\dfrac{1}{2}}\left(ix_2 - ix_3\right)$	+		
$ix\beta_2 = \sqrt{\dfrac{1}{2}}\left(ix_1 + 2ix_2\right)$			+
$ix\beta_3 = -\sqrt{\dfrac{1}{2}}\left(ix_1 + 2ix_3\right)$		+	
$Cr_{x\_1} = \left(ix\alpha_3^2 + ix\beta_1^2\right)$	+		
$Cr_{x\_2} = \left(ix\alpha_2^2 + ix\beta_3^2\right)$		+	
$Cr_{x\_3} = \left(ix\alpha_2^2 + ix\beta_2^2\right)$			+

Tableau 3. 1 Les composants et les critères invariables lors d'un défaut capteur
(+ indique les quantités invariables, x présente les valeurs rotoriques « r » et les valeurs statoriques « s »)

En fonctionnement sain, nous avons les relations (3.5), (3.6) ; mais en présence d'un défaut capteur ces égalités ne sont plus vérifiées (sauf dans le cas d'un même défaut sur les trois capteurs, ce qui est très improbable).

$$ix\alpha_1 = ix\alpha_2 = ix\alpha_3 \qquad\qquad (3.\ 5)$$

$$ix\beta_1 = ix\beta_2 = ix\beta_3 \qquad\qquad (3.\ 6)$$

Nous définissons le critère Cr_{x_i} correspondant au carré du module du courant, de telle sorte que ce critère n'est pas affecté par un défaut du capteur de la phase i. Les différentes expressions Cr_{x_i} sont égales en absence de défaut et inférieur à la valeur nominale du courant: :

$$Cr_{x\_i} = 3Ix^2 \quad \langle \quad 3Ixn^2 \qquad\qquad (3.\ 7)$$

Pour élaborer un indicateur de défaut nous changeons l'expression du critère selon :

$$Cr_{xi} = \left|\frac{Cr_{x\_i}}{3Ixn^2} - 1\right| \qquad\qquad (3.\ 8)$$

En effet, ce nouveau critère reste très faible quand Cr_{x_i} n'est pas affecté, c'est à dire lorsque le défaut concerne le capteur de la phase i.

Donc pour la détection de défaut, nous utilisons les deux critères :

- $Cr_x = ix_1 + ix_2 + ix_3$

- Cr_{xi} tel que défini par l'équation (3.8),

Si Cr_x devient différent de zéro, cela veut dire qu'un défaut capteur est apparu. Pour identifier le capteur en défaut, nous procédons au calcul des trois valeurs : Cr_{x1}, Cr_{x2} et Cr_{x3}, le critère qui n'est pas fonction de la phase dont le capteur est en défaut reste nul , les autres critères changeront de valeur. Ainsi nous définissons le capteur présentant un problème.

La Figure 3. 6 présente le cas d'un défaut du capteur de la première phase du courant rotorique, on note que Cr_r n'est plus nulle à partir de l'instant de défaut (0.2s) ce qui implique qu'un capteur du courant rotorique est en défaut. Et le calcul de Cr_{r1}, Cr_{r2} et Cr_{r3} spécifie le capteur en défaut, dans ce cas Cr_{r1} garde sa valeur nulle (ce critère ne dépend pas du capteur de la phase une du courant rotorique), les deux autres critères Cr_{r2} et Cr_{r3} changent de valeur ce qui confirme que c'est le capteur de ir_1 qui a un problème.

Il est à noter que lorsque le capteur de ir_1 se met à délivrer un signal nul une reconfiguration de la commande est alors effectuée, telle qu'elle sera présentée dans le paragraphe suivant. En effet, si la reconfiguration n'est pas activée le plutôt possible le système va diverger ainsi que ce critère.

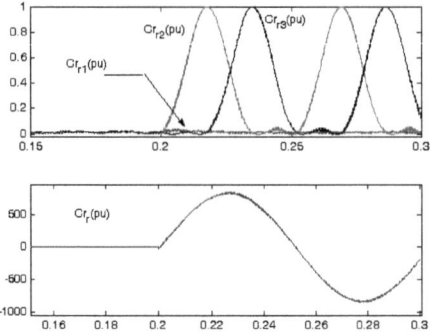

Figure 3. 6 Application du critère de détection et isolation de défaut lorsque (irl$_m$ =0 à t=0.2s) avec reconfiguration de la commande

3.   Reconfiguration de la commande

La redondance de la mesure peut aussi être exploitée pour la reconfiguration de la commande.

Nous rappelons que le choix du repère de travail (ϕ_{sq} =0) a mené à (3.9) et les hypothèses simplificatrices à (3.10) :

$$i_{sq} = -\frac{M_{sr}}{L_s} i_{rq} \qquad\qquad (3.\ 9)$$

$$\phi_{sd} = -\frac{V_{sq}}{\omega_s} \qquad\qquad (3.\ 10)$$

De ces relations, nous déduisons que la commande peut être effectuée en utilisant uniquement les capteurs du courant rotorique ou bien uniquement les capteurs du courant statorique.

Nous déduisons alors les deux systèmes d'équations : (3.11) utilisant uniquement les capteurs du courant rotorique et (3.12) utilisant uniquement les capteurs des courants statoriques.

Ainsi, si un défaut surgit au niveau d'un capteur de courant statorique, la commande va commuter des équations du système (3.1) aux équations du système (3.11). De même, si le défaut concerne un capteur du courant rotorique la commande va commuter des équations du système (3.1) aux équations du système (3.12).

$$\begin{cases} \phi_{sd\_e} = \dfrac{V_{sq\_m}}{\omega_s} \\[2mm] i_{sd\_e} = \dfrac{1}{L_s}\left(\phi_{sd\_e} - M_{sr}.i_{rd\_m}\right) \\[2mm] i_{sq\_e} = -\dfrac{M_{sr}}{L_s}i_{rq\_m} \\[2mm] i_{rd\_ref} = \dfrac{1}{M_{sr}}\left(\phi_{sd\_e} - L_s.i_{sd\_e}\right) \\[2mm] i_{rq\_ref} = \left(-\dfrac{L_s}{p.M_{sr}}\right)\dfrac{T_{e\_ref}}{\phi_{sd\_e}} \\[2mm] \phi_{rd\_e} = L_r.i_{rd\_m} + M_{sr}.i_{sd\_e} \\[2mm] \phi_{rq\_e} = L_r.i_{rq\_m} + M_{sr}.i_{sq\_e} \end{cases} \tag{3. 11}$$

$$\begin{cases} \phi_{sd\_e} = \dfrac{V_{sq\_m}}{\omega_s} \\[2mm] i_{rd\_e} = \dfrac{1}{M_{sr}}\left(\phi_{sd\_e} - L_s.i_{sd\_m}\right) \\[2mm] i_{rq\_e} = -\dfrac{L_s}{M_{sr}}i_{sq\_m} \\[2mm] i_{rd\_ref} = \dfrac{1}{M_{sr}}\left(\phi_{sd\_e} - L_s.i_{sd\_m}\right) \\[2mm] i_{rq\_ref} = \left(-\dfrac{L_s}{p.M_{sr}}\right)\dfrac{T_{e\_ref}}{\phi_{sd\_e}} \\[2mm] \phi_{rd\_e} = L_r.i_{rd\_e} + M_{sr}.i_{sd\_m} \\[2mm] \phi_{rq\_e} = L_r.i_{rq\_e} + M_{sr}.i_{sq\_m} \end{cases} \tag{3. 12}$$

L'indice e désigne les valeurs estimées.

La détection et la reconfiguration du défaut doit être rapide car si une mesure erronée est utilisée dans la boucle de régulation, le système deviendra rapidement instable et la reconfiguration de la commande sera non valable.

La Figure 3. 7 et la Figure 3. 9 montrent la commutation rapide entre les courants mesurés et estimés. Pour le calcul des courants estimés, on évite l'utilisation des composantes du courant en défaut, ce qui permet d'utiliser la valeur réelle du courant.

Vu que la reconfiguration est appliquée très rapidement, on n'enregistre aucune perturbation du système (Figure 3.8). Cette reconfiguration rapide est possible grâce aux moyens offerts aujourd'hui par le matériel électronique et logiciel disponible sur le marché.

Si la reconfiguration arrive retardée (par exemple de 1ms) (Figure 3.10) des perturbations apparaissent dans le système, elles sont rapidement éliminées lors de l'activation de la reconfiguration. Mais si la durée de l'activation de la reconfiguration est encore plus longue, le système ne peut plus revenir à son état stable.

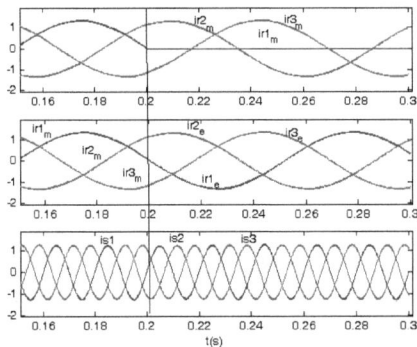

Figure 3. 7 Les valeurs mesurées et estimées du courant après une détection d'un défaut capteur
(ir1ₘ =0 à t=0.2s) avec reconfiguration de la commande

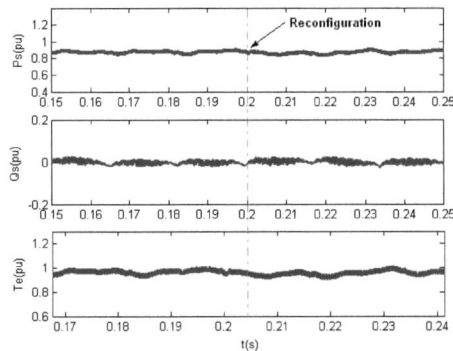

Figure 3. 8 Les paramètres du système avant le défaut capteur (ir1ₘ =0 à t=0.2s) et après la reconfiguration de la commande (les puissances statoriques (active Pₛ et réactive Qₛ)et le couple électromagnétique (Tₑ)), toutes les valeurs sont en p.u.

88

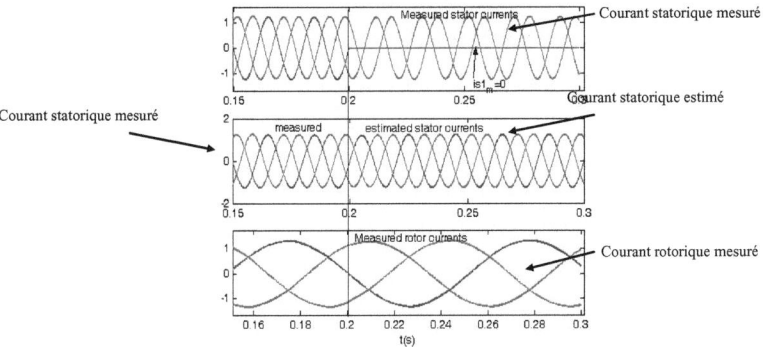

Figure 3. 9   Les valeurs mesurées et estimées du courant après une détection d'un défaut capteur (is1ₘ =0 à t=0.2s) avec reconfiguration de la commande

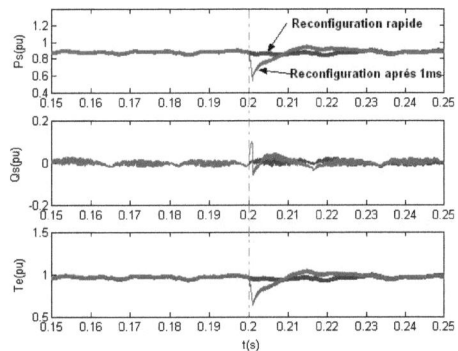

Figure 3. 10   Les paramètres du système avant le défaut capteur (is1ₘ =0 à t=0.2s) et après la reconfiguration de la commande (reconfiguration rapide (en bleu) et reconfiguration lente(retardée de 1ms en rouge)), (les puissances statoriques (active Pₛ et réactive Qₛ) et le couple électromagnétique (Tₑ)), toutes les valeurs sont en p.u.

III- Défaut réseau

La structure du réseau électrique est très complexe : par exemple un court-circuit survenant à un lieu précis engendrera un défaut de chute de tension ailleurs. Cet enchaînement dépend de la structure du réseau et de l'origine du défaut. La durée du défaut dépend du temps que prennent les systèmes de protection pour détecter et isoler le défaut. En général, il est de quelques centaines de millisecondes.

Pour un système éolien de grande puissance, on ne peut pas tolérer une perturbation due au défaut tension, car ceci peut affecter la stabilité du réseau électrique.

Par la suite, nous exposons en premier lieu les différents défauts qui peuvent survenir dans le réseau électrique. Ensuite, nous étudions le comportement du système éolien face à des défauts équilibrés puis à des défauts déséquilibrés de phase ainsi qu'à des défauts de variation de fréquence du réseau de distribution. Puis, nous développons plusieurs expressions d'estimateurs de flux.

Nous montrons que l'utilisation de l'estimateur adéquat selon le défaut, va permettre de minimiser l'influence des défauts réseau sur le système éolien. Enfin une comparaison entre deux types de commandes sera menée. La comparaison traitera la réponse du système en mode sain et face aux défauts réseau.

1. Différents types de défaut réseau

Les défauts réseau les plus traités par les industriels sont :

- Coupure secteur (*Power failure*)
- Creux de tension (*Voltage sags, voltage dips*)
- Pics de tension (*Power surges*)
- Baisse de tension (*Under voltage*)
- Hausse de tension (*Over voltage*)
- Distorsions transitoires (*Switching Transients*)
- Bruit de ligne (*Line noise*)
- Variation de fréquence (*frequency variation*)
- Distorsion harmonique (*Harmonic distortion*)

Nous exposons ci après deux groupes de défauts, le premier concerne l'amplitude et la phase de tension et le second concerne la variation de la fréquence.

1.1   Défaut tension

L'instabilité de tension est souvent déclenchée par la perte d'équipements ou de production. Elle peut se produire à la hausse ou à la baisse ou en cas extrême par écroulement de tension.

Il peut y avoir aussi des défauts de courte durée : des creux ou des pics de tension. La Figure 3. 11   présente les différents types de perturbations de tension qui peuvent apparaître sur le réseau.

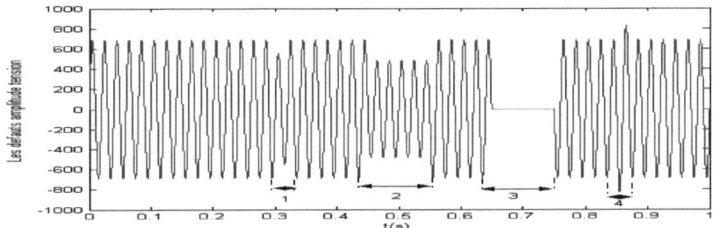

Figure 3. 11   Perturbations sur le réseau : ① creux de tension, ② chute de tension,
③ Coupure réseau, ④ Surtension.

Dans la bibliographie, et plus particulièrement, en ce qui concerne les systèmes éoliens, on parle surtout de chute de tension. En effet, le transfert de puissance à travers le réseau électrique s'accompagne fréquemment de chute de tension. Dans des conditions normales de fonctionnement, ces chutes de tension sont de quelques pourcents de la tension nominale [142].

Dans [141] et selon IEEE Std.1159-1995 [143], le défaut tension est défini comme étant une chute de tension de 0.1 à 0.9 p.u. de la valeur efficace de tension, pour une durée comprise entre une demi période et une minute, causée généralement par un défaut de court circuit (Figure 3. 12). Mais elle peut aussi être causée par d'autres événements tels que la magnétisation du transformateur, la commutation des bancs de capacité ou le démarrage de plusieurs moteurs à induction. L'auteur évoque aussi l'influence du couplage du transformateur dans la nature du défaut transmis au système éolien.

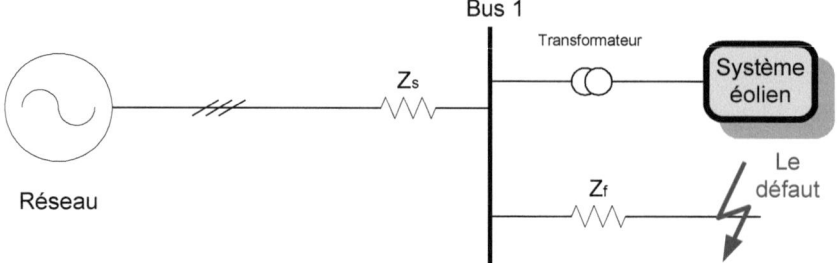

Figure 3. 12 Schéma d'un défaut de court circuit

Le défaut résultant au niveau du bus 1 (Figure 3. 12) peut être un des six types présentés dans la Figure 3. 13 .

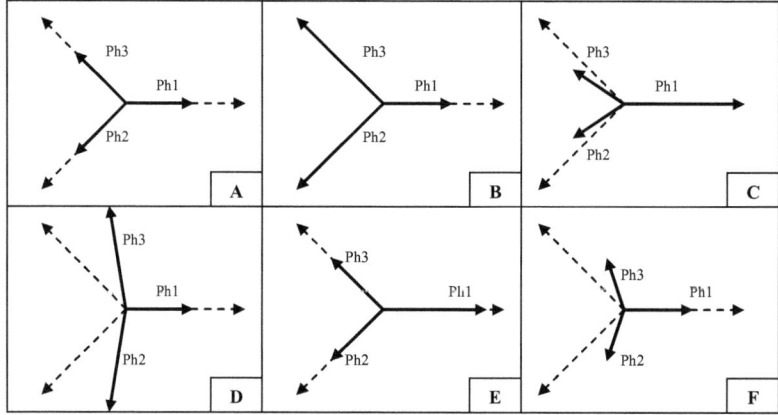

Figure 3. 13 Différents types de défaut tension

Donc pour résumer : les défauts tension seront de trois types :

- Défaut équilibré : cas du défaut A.
- Défaut déséquilibré avec variation de phase : cas des défauts C, D et F.
- Défaut déséquilibré sans variation de phase : cas des défauts B et E.

1.2 Défaut fréquence

L'instabilité de fréquence résulte d'un déséquilibre important entre la production et la consommation et plus particulièrement de l'incapacité que la production rencontre à s'adapter suffisamment rapidement pour rétablir cet équilibre.

Cette instabilité se manifeste généralement par une baisse de fréquence. Des cas de hausse de fréquence peuvent se présenter plus rarement toutefois. Ils résultent d'un réglage de vitesse insuffisamment performant au niveau des unités de production [142].

2. Analyse des performances du système éolien

Parmi les différents défauts qui peuvent survenir dans le réseau électrique, nous nous intéressons dans le cadre de ce chapitre aux défauts de faibles amplitudes et spécialement aux défauts équilibrés et déséquilibrés de phases et au défaut fréquence.

L'influence de ces trois types de défaut sur le comportement du système éolien ainsi que la réaction du contrôle et le choix des estimateurs face à ces perturbations seront détaillées ci après.

Nous commençons par rappeler les équations fondamentales d'un réseau électrique sain (sans défaut) :

$$\begin{cases} V_{s1} = V \ sin(\omega_s t) \\ V_{s2} = V \ sin(\omega_s t - \dfrac{2\pi}{3}) \\ V_{s3} = V \ sin(\omega_s t - \dfrac{4\pi}{3}) \end{cases} \tag{3. 13}$$

Le système (3.14) présente les transformées de Park de ces tensions dans repère lié au champ tournant statorique. Ce système servira par la suite à expliquer l'influence des perturbations réseau sur le système éolien.

$$\begin{cases} V_{sd} = \sqrt{\dfrac{2}{3}}\left[cos(-\omega_s t)V_{s1} + cos(-\omega_s t + \dfrac{2\pi}{3})V_{s2} + cos(-\omega_s t + \dfrac{4\pi}{3})V_{s3} \right] \\ V_{sq} = \sqrt{\dfrac{2}{3}}\left[sin(-\omega_s t)V_{s1} + sin(-\omega_s t + \dfrac{2\pi}{3})V_{s2} + sin(-\omega_s t + \dfrac{4\pi}{3})V_{s3} \right] \end{cases} \tag{3. 14}$$

Nous rappelons que la stratégie de contrôle adoptée est basée sur la régulation des courants rotoriques : la synthèse du régulateur est basée sur les équations du système (3.15).

$$\begin{cases} V_{rd} = \sigma L_r \dfrac{di_{rd}}{dt} + R_r i_{rd} - \omega_r \phi_{rq} \\ V_{rq} = \sigma L_r \dfrac{di_{rq}}{dt} + R_r i_{rq} + \omega_r \phi_{rd} \end{cases} \qquad \textbf{(3. 15)}$$

Le contrôle des courants rotoriques dépend des composantes du flux rotorique et statorique (3.1) et (3.15), or le flux dépend de la tension statorique ce qui induit une influence de tous les paramètres du système par un défaut réseau.

2.1   Performances face au défaut équilibré de phases

Comme nous l'avons développé au paragraphe III/0, un défaut équilibré de phase présente une même baisse ou augmentation des trois phases réseau, donc la tension maximale des trois phases devient :

$$V' = V + \Delta V \qquad \textbf{(3. 16)}$$

En substituant les équations (3.13) , (3.14) et (3.16) on obtient :

$$\begin{cases} V'_{sd} = \sqrt{\dfrac{2}{3}}\left[cos(-\omega_s t)V'_{s1} + cos(-\omega_s t + \dfrac{2\pi}{3})V'_{s2} + cos(-\omega_s t + \dfrac{4\pi}{3})V'_{s3} \right] \\ V'_{sq} = \sqrt{\dfrac{2}{3}}\left[sin(-\omega_s t)V'_{s1} + sin(-\omega_s t + \dfrac{2\pi}{3})V'_{s2} + sin(-\omega_s t + \dfrac{4\pi}{3})V'_{s3} \right] \end{cases} \qquad \textbf{(3. 17)}$$

Ce qui implique (Annexe 4) :

$$\begin{cases} V'_{sd} = 0 \\ V'_{sq} = V_{sq} + \Delta V_{sq} \end{cases} \qquad \textbf{(3. 18)}$$

Les équations (3.1), (3.13) et (3.14) donnent :

$$\Delta V_{sq} = -\sqrt{\dfrac{3}{2}}.\Delta V \qquad \textbf{(3. 19)}$$

Or (Annexe 4) :

$$V_{sq} = -\sqrt{\dfrac{3}{2}}.V \qquad \textbf{(3. 20)}$$

Donc on obtient

$$\dfrac{\Delta V_{sq}}{V_{sq}} = \dfrac{\Delta V}{V} \qquad \textbf{(3. 21)}$$

Ces résultats sont illustrés par la Figure 3. 14 : nous avons bien le même rapport de défaut (20%) qui se propage de V_s à V_{sq}.

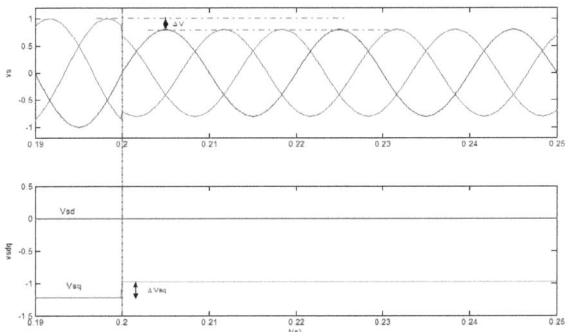

Figure 3. 14 La tension réseau lors d'un défaut équilibré de phases de 20%

Les résultats de simulation des figures 3.15 et 3.16 montrent le comportement du système face à ce défaut.

En fait, vu le choix du repère de travail (liée au flux statorique) (FOC) et selon le calcul présenté ci-dessus, une perturbation de la tension statorique V_s entraînera une variation de même rapport de la valeur de V_{sq} (3.21), par exemple, une chute de tension de 20% entraînera une modification de V_{sq} de 20% de sa valeur en régime permanent. Cette variation affectera la composante directe du flux statorique ϕ_{sd} (3.10) et par conséquent la composante directe du courant rotorique i_{rd} avec le même pourcentage du défaut (20% de la valeur du régime permanent) (3.1)

Pour analyser la propagation du défaut à la valeur du flux rotorique, nous introduisons la notion de sensibilité [146], [147] définie par l'équation :

$$S_{Y(X)}^{X} = \frac{\partial Y}{\partial X}\frac{X}{Y} \qquad (3.22)$$

La sensibilité permet d'étudier le comportement de la sortie du système lors de la variation d'un paramètre. Une sensibilité égale à *un (1)* veut dire qu'une variation de $\alpha\%$ sur X entraînera une variation de même rapport sur Y.

La sensibilité de ϕ_{rd} par rapport à V_{sq} est de l'ordre l'unité (3.23), donc on peut en déduire qu'une variation de 20% sur V_s entraîne une variation de même rapport pour

ϕ_{rd} : la simulation confirme le calcul, nous avons une variation de ϕ_{rd} de $\Delta = -2.2292 - (-1.7738) = -0.4554$ donc égale à 20% (Figure 3. 15).

$$S_{\phi_{rd\_est}}^{V_{sq}} = \frac{\partial \phi_{rd\_est}}{\partial V_{sq}} \frac{V_{sq}}{\phi_{rd\_est2}} = \frac{L_r}{M_{sr}\omega_s} \frac{V_{sq}}{\phi_{rd\_est2}} \approx 1 \qquad (3.\ 23)$$

D'un autre côté, on note que les variations de i_{sq} et i_{rq} sont pratiquement les mêmes mais de sens contraire. La condition $\phi_{sq} = 0$ reste donc vérifiée (Figure 3. 15).

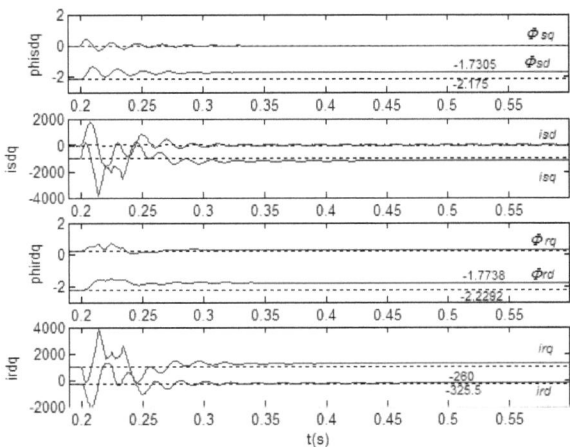

Figure 3. 15 Les composantes dq des paramètres statoriques et rotoriques face au défaut équilibré de phase

Les simulations de la Figure 3. 16 montrent l'effet du défaut équilibré sur la tension rotorique. Des oscillations apparaissent sur la première période ensuite la tension se stabilise à une valeur évidement inférieure à la valeur initiale.

On note aussi des oscillations sur le couple et les puissances statoriques : ces perturbations durent environ 0.1s.

Les perturbations du courant rotorique restent acceptables, c'est à dire, elles ne provoquent pas le déclenchement des protections (la déconnexion du système éolien du réseau), ces résultats de la commande face à ce type de défaut peuvent être améliorés. Comme nous le verrons dans le paragraphe III/3.

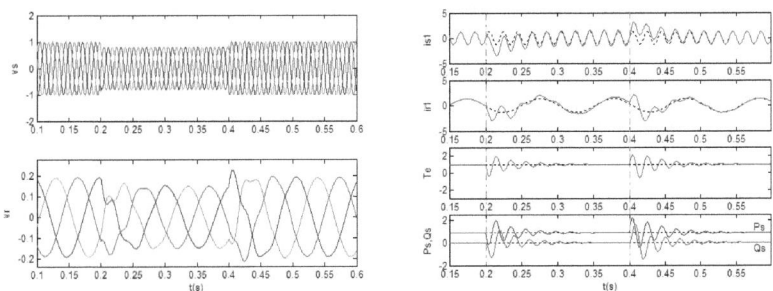

Figure 3. 16 Comportement du système éolien face au défaut équilibré de phase (valeurs en p.u.)

2.1 Performances face à un défaut déséquilibré de phases

Le défaut déséquilibré de phase peut survenir sur une phase ou deux. Il peut être présenté par l'équation suivante :

$$Vi = (V + \Delta V) sin(\omega_s t - (i-1).\frac{2\pi}{3})\qquad\text{(3. 24)}$$

avec $i = 1, 2$ ou 3 et présentant le numéro de la phase en défaut.

Nous présentons notre étude pour le cas d'un défaut de la phase une de la tension réseau, sans que cela influe sur la généralité de notre travail :

Le calcul (Annexe 4) conduit à :

$$V'_{sd} = 0 + (\Delta V)\sqrt{\frac{1}{6}}[sin(2\omega_s t)]\qquad\text{(3. 25)}$$

$$V'_{sq} = -\left[V\sqrt{\frac{3}{2}} + (\Delta V)\sqrt{\frac{1}{6}}[1 - cos(2\omega_s t)]\right]\qquad\text{(3. 26)}$$

$$\frac{\Delta V_{sq}}{V_{sq}} = \frac{\Delta V}{V}\frac{1}{3}[1 - cos(2\omega_s t)]\qquad\text{(3. 27)}$$

Donc, s'il y a un défaut à la phase une de la tension réseau, la composante directe V_{sd} garde sa valeur moyenne nulle mais présentera des oscillations d'amplitude : $\Delta V.\sqrt{\frac{1}{6}}$ et de fréquence : $2\omega_s$. La composante en quadrature V_{sq} présentera les mêmes oscillations avec un déphasage de $-\frac{\pi}{2}$ ainsi qu'une surélévation de $\Delta V\sqrt{\frac{1}{6}}$.

97

La Figure 3. 17 présente les résultats de simulation relatifs à l'influence de la perturbation réseau en question sur les composantes V_{sd} et V_{sq}.

On note donc qu'en général : un défaut de $\alpha\%$ (exemple de *10%*) d'une phase de la tension réseau entraînera une surtension de V_{sq} qui peut atteindre *(2/3)$\alpha\%$* (6.66%) de V_{sq} (cette valeur extrême correspond à *cos (2$\omega_s t$)=-1* dans l'équation (3.27)).

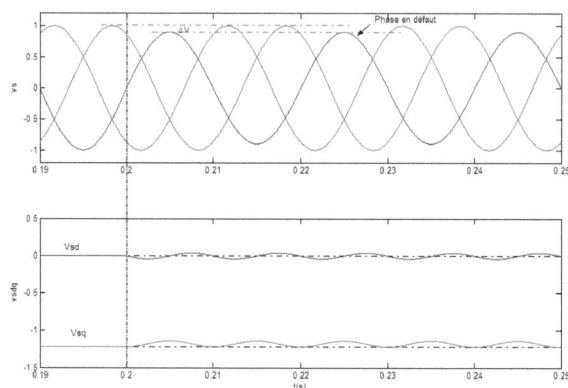

Figure 3. 17 La tension réseau V_s lors d'un défaut déséquilibré de phases (10% de la phase 1)

Par la suite nous traitons le comportement du système éolien lors d'un défaut déséquilibré de phases : *10%* de chute de tension de la phase une du réseau survenant à l'instant 0.2s : la Figure 3. 18   montre qu'un tel défaut cause des oscillations sur les composantes *dq* des courants et des flux rotorique et statorique. Ceci est une conséquence normale des oscillations apparaissant sur V_{sd} et V_{sq} (selon les équations (3.1) et (3.10)).

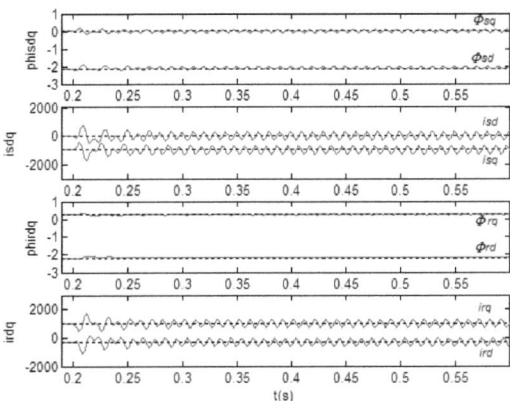

Figure 3. 18 Les composantes dq des grandeurs statoriques et rotoriques face au défaut déséquilibré de phase

Les simulations de la Figure 3. 19 illustrent les conséquences du défaut sur le couple et les puissances statoriques. On note que dans ce cas les perturbations persistent tout le long du défaut. Les pics des oscillations peuvent atteindre les *40%* pour le couple et les puissances.

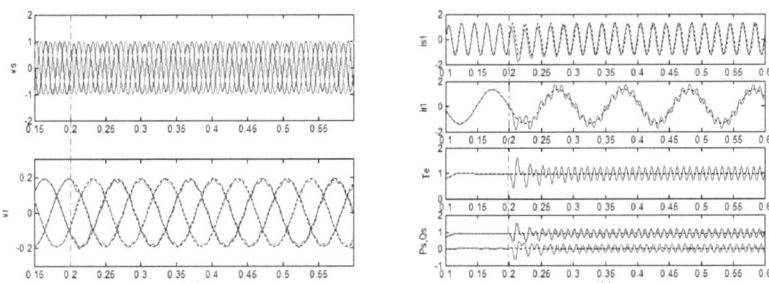

Figure 3. 19 Comportement du système éolien face au défaut déséquilibré de phase

2.2   Face au défaut fréquence

Dans ce paragraphe nous traitons le cas d'un défaut fréquence. Nous appliquons une faible modification de fréquence ($\Delta\omega_s t$) dans les trois phases de la tension réseau :

$$\begin{cases} V_{s1} = V \, \sin(\omega_s t + \Delta\omega_s t) \\ V_{s2} = V \, \sin(\omega_s t + \Delta\omega_s t - \dfrac{2\pi}{3}) \\ V_{s3} = V \, \sin(\omega_s t + \Delta\omega_s t - \dfrac{4\pi}{3}) \end{cases} \qquad (3.\,28)$$

La transformée de Park (Annexe 4) donne les composantes directe et en quadrature de la tension suivantes :

$$V'_{sd} = \sqrt{3/2}.V.\Delta\omega_s.t \qquad\qquad\qquad (3.\ 29)$$

$$V'_{sq} = -V\sqrt{\frac{3}{2}}\left(1 - \frac{(\Delta\omega_s)^2}{2}t^2\right) \qquad\qquad (3.\ 30)$$

On note que V_{sd} n'est plus nulle (3.29), mais au contraire elle dépend du temps et s'éloigne de zéro tant que le défaut persiste, Ceci est important à noter, surtout quand le repère choisi est tel que l'orientation des axes se fait selon le vecteur tension statorique. Dans ce cas, l'hypothèse de travail $V_{sd}=0$ n'est plus vérifiée.

V_{sq} aussi va dévier de sa valeur initiale $(-V\sqrt{\frac{3}{2}})$ mais sa déviation est moins importante que celle de V_{sd} (voir Figure 3. 20) ; Bien sûr, le défaut ne dure que quelques millisecondes. Nous avons prolongé la durée du défaut pour mieux voir l'influence d'un défaut fréquence sur le système.

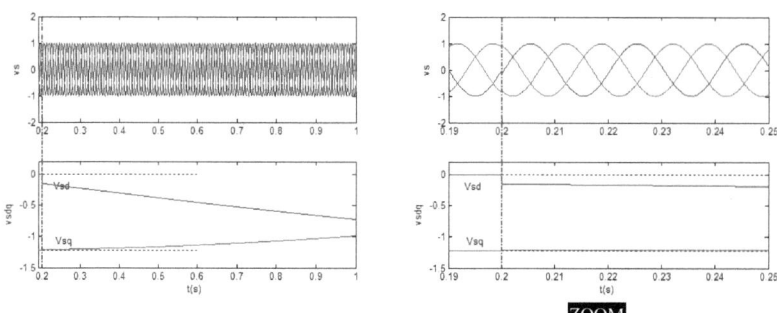

Figure 3. 20 La tension réseau V_s lors d'un défaut fréquence

Par la suite, nous analysons l'effet du défaut fréquence sur le comportement du système éolien.

Nous avons considéré le cas le plus simple où la pulsation du réseau ω_s est une constante, sa valeur n'étant pas mesurée en temps réel. L'analyse des phénomènes est plus aisée dans ce cas. Dans le cas contraire, des méthodes telles que la boucle à verrouillage de phase (PLL : phase locked loop) peuvent être appliquées [155] les résultats sont effectivement améliorés dans le sens où le système diverge moins rapidement, mais cette divergence en présence de variation de fréquence n'en demeure pas moins.

Ainsi, les conséquences de ce défaut s'amplifient avec le temps :

- En effet la variation de ω_s (défaut fréquence) induit que le flux statorique n'est plus aligné avec l'axe d et il aura apparition d'une composante sur l'axe q. Donc Φ_{sq} ne sera plus nul, la composante V_{sd} non plus, mais aura comme valeur $\sqrt{3/2}.V.\Delta\omega_s.t_0$ (3.29) où t_0 est l'instant d'apparition du défaut.

- Et, vu que dans la commande nous avons choisi de garder ω_s constante, c'est à dire de ne pas tenir compte des modifications dans la transformée de Park, l'angle θ_s entre le repère $\alpha\beta$ et le repère dq (Figure 2. 13) gardera les mêmes valeurs que celui pour le cas sans défaut. Ceci induit que Φ_{sq} sera dépendant du temps, et V_{sd} aussi.

On note que notre choix de prendre ω_s constante dans la commande, simplifie cette dernière et ne modifie pas trop la réalité puisque dans tous les cas la condition $\Phi_{sq}=0$ ne sera plus vérifiée, donc la seule différence est l'augmentation avec le temps, et comme nous considérons que le défaut est de durée limitée, ceci ne sera pas gênant.

La Figure 3. 21   présente les composantes dq des flux et des courants rotoriques et statoriques durant le défaut fréquence : on voit que les composantes de flux s'éloignent de leurs valeurs initiales.

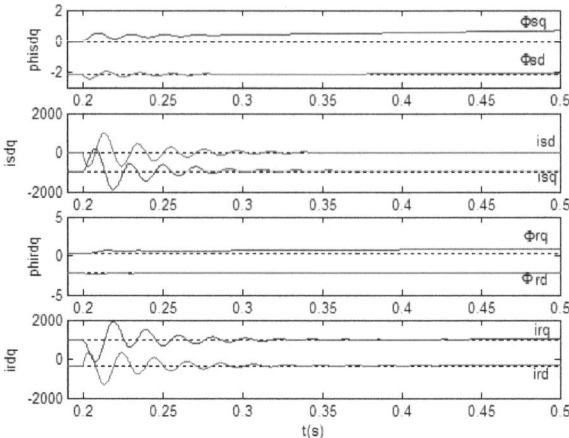

Figure 3. 21 Les composantes dq des grandeurs statoriques et rotoriques face au défaut fréquence

La Figure 3. 22 montre que la puissance réactive Q_s n'est plus nulle lors d'un défaut fréquence (puisque V_{sd} n'est plus nulle) on voit aussi l'influence sur les autres paramètres du système.

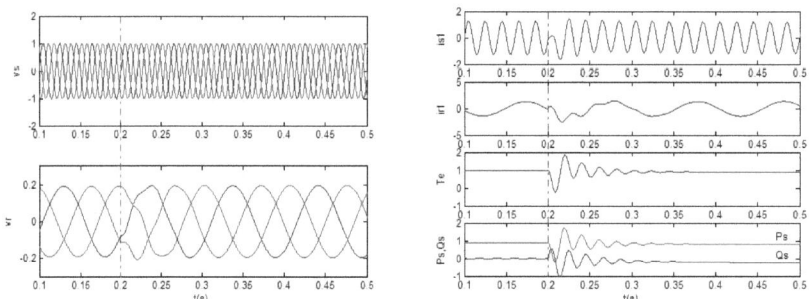

Figure 3. 22 Comportement du système éolien face au défaut fréquence

3. Reconfiguration de la commande par intervention sur les estimateurs du flux

Dans cette section nous allons, tout d'abord, définir les différentes expressions des estimateurs des flux rotorique et statorique, puis montrer l'impact de ces estimateurs sur le système éolien selon le défaut, et enfin démontrer que nous pouvons améliorer la réponse du système rien qu'en faisant un bon choix des estimateurs du flux suivant le défaut [150], [151].

3.1　Flux statorique

Les estimateurs du flux statorique peuvent être définis de plusieurs façons (Tableau 3. 2):

- Le premier estimateur s'exprime en fonction des courants statoriques et rotoriques
- Le deuxième est fonction de la tension statorique en négligeant les chutes de tension ohmique au stator.
- Le troisième est une constante

Le détail du calcul se trouve en Annexe 5

Φs Estimateur 1	$\phi_{sd-est1} = L_s I_{sd} + M_{sr} I_{rd}$
Φs Estimateur 2	$\phi_{sd-est2} = \dfrac{V_{sq}}{\omega_s}$
Φs Estimateur 3	$\phi_{sd-est3} = \phi_{sd\_nominal}$

Tableau 3. 2 Estimateurs du flux statorique

Dans le cas du fonctionnement en mode sain, les trois estimateurs donnent pratiquement la même réponse. En cas de défaut réseau, le comportement des estimateurs du flux statorique varient différemment selon le type de défaut. Ces changements sont dus principalement aux variations de V_{sq} (tels qu'il a été montré au paragraphe III/2):

- Un défaut équilibré de phases entraîne une surélévation des deux premiers estimateurs avec des oscillations au niveau du premier (Figure 3. 23).
- Un défaut déséquilibré de phases entraîne une légère surélévation des deux premiers estimateurs avec des oscillations importantes pour chacun de ces deux estimateurs (Figure 3. 23).
- Un défaut de fréquence entraîne une montée hyperbolique des deux premiers estimateurs avec des oscillations pour le premier estimateur (Figure 3. 23).

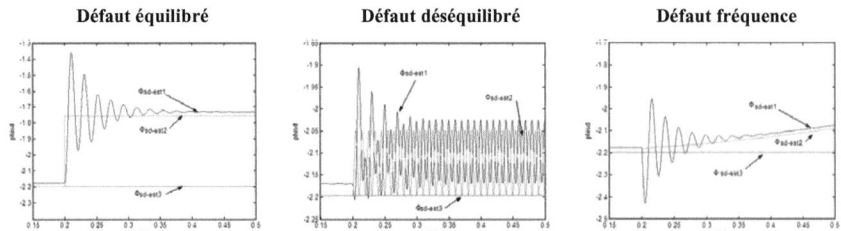

Figure 3. 23 *Différents estimateurs ϕ_{sd} lors d'un défaut réseau*

Il faut noter que le choix de l'estimateur Φ_{sd} est important parce que toute variation de ce dernier sera répercutée aussitôt sur la référence de la composante directe du courant rotorique i_{rd} et par conséquent sur la boucle de régulation.

3.2 Flux rotorique

Suivant les capteurs utilisés et les hypothèses choisies, diverses équations d'estimateur du flux rotorique peuvent être établies (Tableau 3. 3).

Le premier estimateur du flux rotorique est calculé à partir des mesures des courants rotoriques et statoriques. Il dépend uniquement de la précision de la mesure de l'inductance (L_r) et de l'inductance mutuelle (M_{sr}).

Pour les estimateurs 2 et 3 nous utilisons les hypothèses suivantes :

- $\phi_{sq} = 0$

- $R_s i_{sq} \langle\langle \omega_s \phi_{sd} \supset \phi_{sd} = \dfrac{V_{sq}}{\omega_s}$

Pour l'estimateur 4 nous proposons les hypothèses suivantes :

- $\phi_{sq} = 0$

- $Q_s = 0 \supset I_{sd} = 0$

Le détail des calculs se trouve en Annexe 5

Φr Estimateur 1	$\phi_{rd-est1} = L_r I_{rd} + M_{sr} I_{sd}$ $\phi_{rq-est1} = L_r I_{rq} + M_{sr} I_{sq}$
Φr Estimateur 2	$\phi_{rd-est2} = -\dfrac{L_s L_r}{M_{sr}}\sigma I_{sd} + \dfrac{L_r}{M_{sr}}\dfrac{V_{sq}}{\omega_s}$ $\phi_{rq-est2} = -\dfrac{L_s L_r}{M_{sr}}\sigma I_{sq}$
Φr Estimateur 3	$\phi_{rd-est3} = L_r \sigma I_{rd} + \dfrac{M_{sr}}{L_s}\dfrac{V_{sq}}{\omega_s}$ $\phi_{rq-est3} = \sigma L_r I_{rq}$
Φr Estimateur 4	$\phi_{rd-est4} = L_r I_{rd}$ $\phi_{rq-est4} = \sigma L_r I_{rq}$

Tableau 3. 3 Estimateurs du flux rotorique

La Figure 3. 24 montre que les différents estimateurs se comportent différemment lors d'un défaut réseau. Par ailleurs leurs comportements varient aussi selon le type de défaut.

Cette différence de comportement des divers estimateurs de flux rotorique va intervenir dans la boucle de régulation des courants, et par conséquent va influer sur la réponse du système.

La Figure 3. 25 met en évidence la différence du comportement de la composante q des estimateurs du flux rotorique pour un défaut fréquence dans le cas ou le défaut persiste.

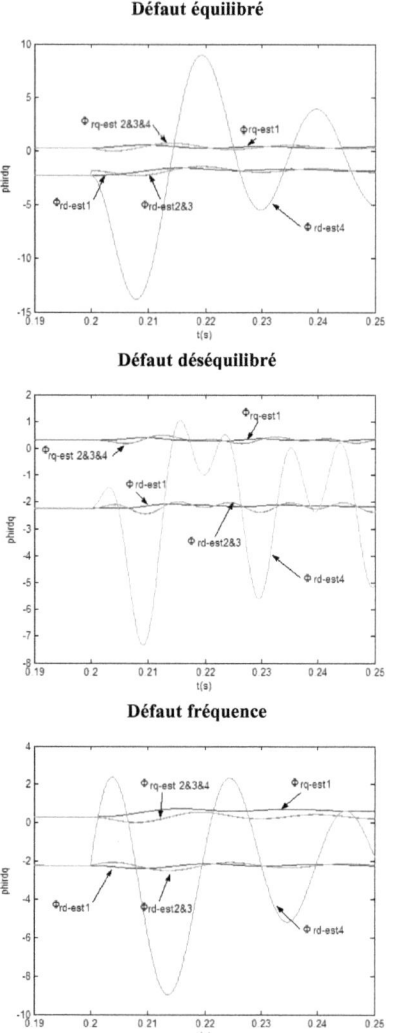

Figure 3. 24 Différents estimateurs ϕ_{rdq} lors des défauts réseau

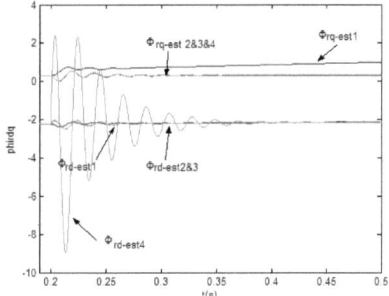

Figure 3. 25 Différents estimateurs (ϕ_{rdq}) lors d'un défaut fréquence de 0.2s jusqu'au 0.5s

3.3   Influence du choix des estimateurs

Nous présentons les résultats de simulation par Matlab/Simulink relatifs aux réponses du système éolien lors d'un défaut réseau, en considérant successivement différents estimateurs de flux pour mieux évaluer leurs l'influences.

La Figure 3. 26   présente les résultats de simulation relatifs à la réponse du système éolien face à un défaut équilibré de phase (*20%* de chute de tension survenant à l'instant 0.2s) en utilisant deux estimateurs de flux rotorique (Φ_{rdq_est1} et Φ_{rdq_est2}). Les simulations montrent une différence entre les réponses. Cette différence est de l'ordre de *20%* de la valeur de référence pour le couple : les oscillations du couple en utilisant le premier estimateur sont plus intenses qu'avec le deuxième.

De même, pour les puissances, le premier estimateur donne les meilleurs résultats.

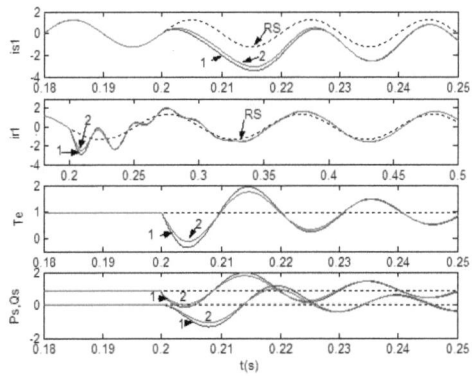

1(bleu) : Φ_{rdq_est1} ; 2 (rouge) : Φ_{rdq_est2} ; **RS (pointillé)** : régime Sain
Figure 3. 26 Influence des estimateurs du flux rotorique lors d'un défaut équilibré de réseau

La Figure 3. 27 montre l'influence des estimateurs du flux statorique (Φ_{sd_est1}, Φ_{sd_est2} et Φ_{sd_est3}) sur la réponse du système éolien. On note que les deux premiers estimateurs donnent des résultats comparables, le troisième estimateur cause une erreur statique dans le couple et la puissance.

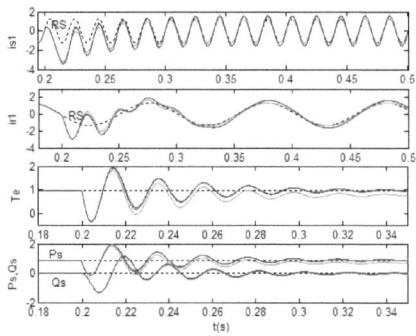

11 bleu : Φ_{rdq_est1} & Φ_{sd_est1}; **12 rouge** : Φ_{rdq_est1} & Φ_{sd_est2} ; **13 vert** : Φ_{rdq_est1} & Φ_{sd_est3} ; **RS (pointillé)** : régime Sain

Figure 3. 27 Influence des estimateurs du flux statorique lors d'un défaut équilibré de réseau

Dans la Figure 3. 28 , nous avons appliqué toutes les combinaisons des estimateurs : Φ_{rdq_est1}, Φ_{rdq_est2}, Φ_{sd_est1} et Φ_{sd_est2} . La paire Φ_{rdq_est2} et Φ_{sd_est2} donne les meilleurs résultats de point de vue amplitude d'oscillation en mode transitoire.

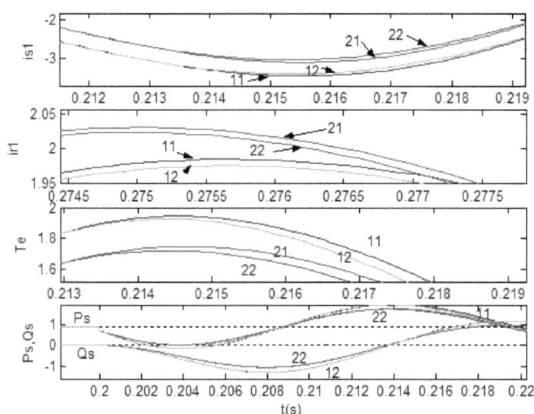

11(bleu) : Φ_{rdq_est1} & Φ_{sd_est1}; **12 (bleu ciel)** : Φ_{rdq_est1} & Φ_{sd_est2}; **21 (rouge)** : Φ_{rdq_est2} & Φ_{sd_est1}; **22 (rose)** : Φ_{rdq_est2} & Φ_{sd_est2} ;
RS (pointillé) : régime Sain

Figure 3. 28 Combinaison des estimateurs du flux rotorique et statorique lors d'un défaut équilibré de réseau

La Figure 3. 29 présente la réponse du système éolien lors d'un défaut déséquilibré de phase (*10%* sur la phase une), en utilisant les estimateurs Φ_{rdq_est1} et Φ_{rdq_est2}. La différence entre les pics des oscillations du couple est de l'ordre de *10%* de la valeur de référence. L'estimateur avec la plus faible amplitude obtenus est Φ_{rdq_est2} . La différence pour le courant rotorique est de *15%*.

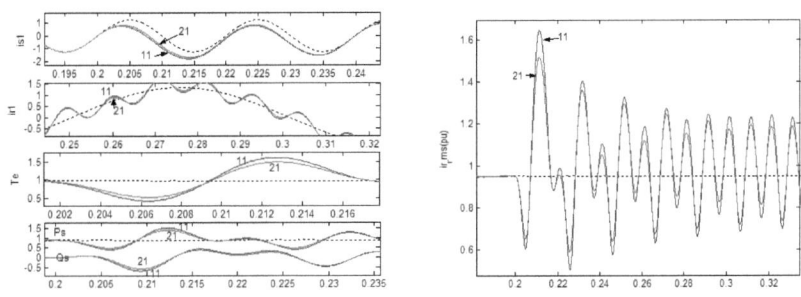

11(bleu) : Φ_{rdq_est1} & Φ_{sd_est1} ; 21 (rouge) : Φ_{rdq_est2} & Φ_{sd_est1}; RS (pointillé) : régime Sain
Figure 3. 29 Influence des estimateurs du flux rotorique lors d'un défaut déséquilibré de réseau

La commutation entre les estimateurs du flux statorique (Φ_{sd_est}) donne aussi des résultats différents mais cette différence ne dépasse pas les *5%* des valeurs de référence (Figure 3. 30).

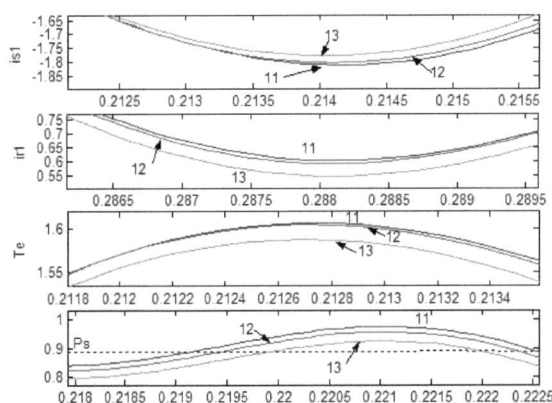

11 bleu : Φ_{rdq_est1} & Φ_{sd_est1}; 12 rouge : Φ_{rdq_est1} & Φ_{sd_est2}; 13 vert : Φ_{rdq_est1} & Φ_{sd_est3} ; RS (pointillé) : régime Sain
Figure 3. 30Influence des estimateurs du flux statorique lors d'un défaut déséquilibré de réseau

Pour le cas de défaut déséquilibré, la paire (Φ_{rdq_est2} et Φ_{sd_est2}) (Figure 3. 31) donne le meilleur résultat de point de vue stabilité du système.

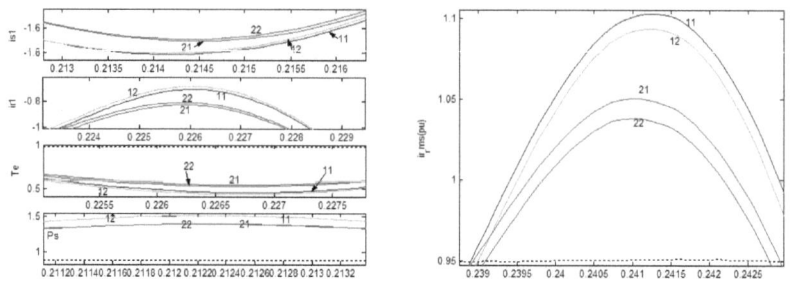

11(bleu) : Φ_{rdq_est1} & Φ_{sd_est1}; 12 (bleu ciel) Φ_{rdq_est1} & Φ_{sd_est2}; 21 (rouge) : Φ_{rdq_est2} & Φ_{sd_est1} ; 22 (rose) : Φ_{rdq_est2} & Φ_{sd_est2} ;
RS (pointillé) : régime Sain

Figure 3. 31 Combinaison des estimateurs des flux statorique et rotorique lors d'un défaut déséquilibré de réseau

Nous traitons par la suite le cas d'un défaut fréquence. La Figure 3. 32 présente la réponse du système éolien en utilisant les deux estimateurs Φ_{rdq_est1} et Φ_{rdq_est2}, on note que le deuxième estimateur donne le meilleur résultat.

La Figure 3. 33   montre l'influence des estimateurs du flux statorique lors d'un défaut fréquence. La différence entre les réponses est très faible.

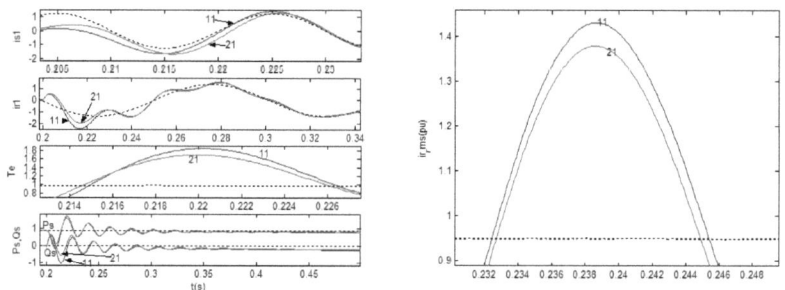

11(bleu) : Φ_{rdq_est1} & Φ_{sd_est1}; 21 (rouge) : Φ_{rdq_est2} & Φ_{sd_est1}; RS (pointillé) : régime Sain
Figure 3. 32 Influence de l'estimateur du flux rotorique lors d'un défaut fréquence

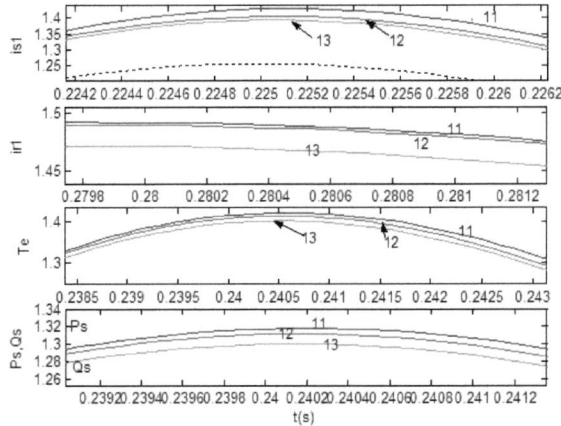

11 bleu : Φ_{rdq_est1} & Φ_{sd_est1}; **12 rouge** : Φ_{rdq_est1} & Φ_{sd_est2}; **13 vert** : Φ_{rdq_est1} & Φ_{sd_est3} ; **RS (pointillé)** : régime Sain
Figure 3. 33 Influence des estimateurs du flux statorique lors d'un défaut fréquence

La Figure 3. 34   montre que la paire (Φ_{rdq_est2} et Φ_{sd_est2}) donne le meilleur résultat (le moins d'oscillations).

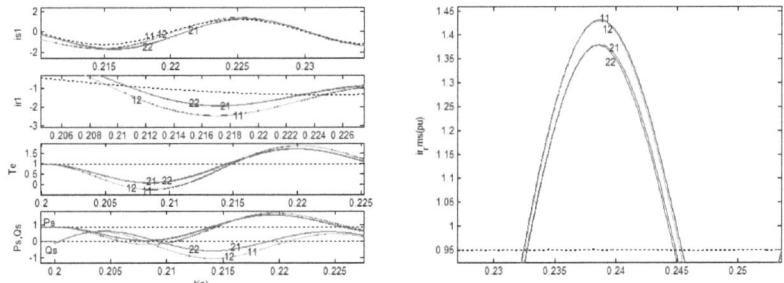

11 bleu : Φ_{rdq_est1} & Φ_{sd_est1}; **12 bleu ciel** : Φ_{rdq_est1} & Φ_{sd_est2}; **21 rouge** : Φ_{rdq_est2} & Φ_{sd_est1} ; **22 rose** : Φ_{rdq_est2} & Φ_{sd_est2} ;
RS (pointillé) : régime Sain
Figure 3. 34 Combinaison des estimateurs des flux rotorique et statorique lors d'un défaut fréquence

Nous concluons que :

-   La paire (Φ_{r_est2}, Φ_{sd_est2}) donne le meilleur résultat du point de vue amplitude des oscillations.   En effet, cette paire ne dépend que des grandeurs statoriques qui sont plus stables puisqu'elles ne sont pas directement influencées par le régulateur.

- L'estimateur Φ_{sd_est3} ne tient pas compte des perturbations du réseau ce qui provoque des erreurs statiques dans les réponses du système, mais permet au système de retrouver plus rapidement ses valeurs du régime sain.

- L'estimateur Φ_{r_est4} donne des résultats trop perturbés, puisqu'il considère que i_{sd} est nul alors que cette condition n'est plus vérifiée en cas de défaut.

Le Tableau 3. 4 donne une évaluation des différents estimateurs selon le défaut réseau. Nous concluons qu'une reconfiguration de la commande selon le défaut réseau, améliorera nettement les réponses du système éolien. Et tient compte de deux facteurs : L'amplitude des oscillations en mode transitoire, lors de l'apparition du défaut, et la stabilité du système en régime permanent.

Estimateurs Φ_r	Estimateurs Φ_s	Capteur de	Défaut équilibré	Défaut déséquilibré	Défaut fréquence
1	1	Courant rotorique & statorique	+++	+++	++
1	2	Courant rotorique & statorique+Tension statorique	++++	+++	+++
1	3	Courant rotorique & statorique	++++	+++	++++
2	1	Courant rotorique & statorique+Tension statorique	+++	+++++	++++
2	2	Courant rotorique & statorique+Tension statorique	++++	++++	+++
2	3	Courant statorique+Tension statorique	+++++	+++++	+++++
3	1	Courant rotorique & statorique+Tension statorique	+++	+++++	++++
3	2	Courant rotorique+Tension statorique	++++	++++	+++
3	3	Courant rotorique+Tension statorique	+++++	+++++	+++++
4	1	Courant rotorique & statorique	+	+	+
4	2	Courant rotorique+Tension statorique	+	+	+
4	3	Courant rotorique	+	+	+

Tableau 3. 4 Evaluation des différents estimateurs (plus il y a de '+' mieux c'est)

IV- Comparaison de différentes commandes (FOC , DTC) lors des défauts réseau

Dans ce paragraphe nous comparons les réponses du système éolien muni de deux types différents de commande ; les deux types sont la commande vectorielle et la commande directe du couple DTC. Cette dernière est développée au Laboratoire des Systèmes Electriques (L.S.E) pour le même système éolien.

Plusieurs critères doivent être pris en considération dans l'analyse et le choix de la stratégie de commande. Les principaux points de comparaison sont :

- L'aptitude à suivre la référence : le cas du mode sain
- La réduction des perturbations extérieures : le cas des défauts réseau de faibles amplitudes

Le cas du mode sain a été détaillé dans le chapitre 2 donc nous allons par la suite étudier le mode défaut.

1   Application des critères de performances

Dans la suite nous comparons les performances des deux types de contrôle dans le cas des défauts réseau. Pour cela, nous introduisons la notion des critères de performance pour mieux mettre en évidence les avantages et les inconvénients des deux commandes.

Les critères les plus utilisés pour estimer la capacité du contrôle à accomplir les performances demandées sont : ISE (the Integral of Square Error), IAE (the Integral of Absolute value of the Error),et IATE (the Integral of the Time-weighted Absolute Error) [148]. Chacun de ces critères évalue l'erreur entre la référence $r(n)$ et la valeur mesurée $y(n)$.

Le critère ISE calcule l'intégrale du carré de l'erreur pour une durée définie ($(N-n+1)*T_{ech}$), avec T_{ech} est la période d'échantillonnage :

$$J = \frac{1}{N-n+1} \sum_{i=n-1}^{N} (r(i) - y(i))^2 \qquad (3.\,31)$$

Ce critère se base sur le calcul du carré des erreurs, il va donc engendrer une amplification de l'importance des erreurs.

Le critère IAE correspond à l'intégrale de la valeur absolue de l'erreur pour une durée définie :

$$J = \frac{1}{N-n+1} \sum_{i=n-1}^{N} |r(i) - y(i)| \qquad (3.32)$$

Le critère ITAE est l'intégrale de la valeur absolue de l'erreur pondérée avec le temps :

$$J = \frac{1}{N-n+1} \sum_{i=n-1}^{N} i.|r(i) - y(i)| \qquad (3.33)$$

Ce critère met en valeur les erreurs qui arrivent après une longue durée puisqu'il effectue une multiplication par le temps.

Ces critères de performance vont nous permettre de combiner l'effet de l'amplitude et la durée des oscillations : le critère ISE met en valeur l'amplitude des oscillations, contrairement au critère IATE qui met en valeur la durée des oscillations. Le critère IAE est considéré comme le plus modéré des critères, il présente un état combiné de l'amplitude de l'erreur et de sa durée.

Dans le cadre de la présente étude nous considérons uniquement le critère IAE. En effet, les oscillations de faibles amplitudes ne seront pas prises en considération ici et par conséquent le critère ISE. Par ailleurs, les oscillations se réduisent à une valeur inférieure à 50% de leurs valeurs après deux à trois périodes, donc le critère IATE ne présente pas beaucoup d'intérêt dans ce cas.

Ainsi le critère IAE sera utilisé pour comparer les deux techniques de contrôle (FOC et DTC) et mieux interpréter les différences entre les deux méthodes.

2   Sensibilité aux perturbations

La simulation est effectuée pour un point de fonctionnement donné (pour une vitesse de vent fixe et avec le couple nominal de la machine).

Les défauts réseau qui seront traités sont les mêmes que ceux développés au paragraphe III/2 : Défaut équilibré de tension, défaut déséquilibré de tension et défaut fréquence.

Les avantages et les inconvénients de chaque type de contrôle sont évalués par deux méthodes : Premièrement par l'analyse du temps de réponse et des oscillations en amplitude et en durée, deuxièmement par l'application du critère de performance IAE.

Pour avoir une comparaison réaliste des réponses du système avec les deux stratégies et sachant que la réponse du système dépend de la phase du courant au moment du défaut, le déphasage entre la tension et le courant rotorique doivent être les mêmes à l'instant de l'application du défaut pour le FOC et le DTC. Par conséquent le défaut sera appliqué à l'instant 0.36s pour le FOC et à l'instant 0.32s pour le DTC.

2.1 Défaut équilibré de tension

Un défaut équilibré de *10%* est appliqué au système pour une durée de 0.1s.

La Figure 3. 35 présente le couple électromagnétique, le courant rotorique, la tension du bus continu et la vitesse de l'arbre en utilisant les stratégies FOC et DTC.

Le couple électromagnétique avec la stratégie FOC, présente des oscillations lors du défaut, d'une amplitude de 1.5 fois la valeur du régime permanent, pour une durée totale de 50ms. Par contre, le profil du couple avec la stratégie DTC ne présente aucune perturbation.

Le bus continu est bien affecté par ce défaut, quelle que soit la stratégie appliquée.

Le défaut réseau cause une augmentation importante du courant statorique de la MADA, et à cause du couplage électromagnétique entre le rotor et le stator, un fort courant traversera aussi le circuit rotorique. La simulation montre que le courant rotorique est moins affecté avec la stratégie FOC qu'avec la stratégie DTC. En plus, avec le DTC les oscillations persistent alors qu'avec le FOC il y a une rapide atténuation par la régulation.

On doit noter que le premier pic qui apparaît dans le profil du courant avec la stratégie FOC est relatif aux performances du régulateur RST : en effet, ce régulateur est en réalité dimensionné pour le mode sain donc ses performances se dégradent lors de l'apparition d'un défaut. En plus, les perturbations avec le FOC dépendent des limites de saturation des régulateurs de courant.

Dans le cas de ce défaut, la composante directe de la tension statorique reste nulle mais une variation de $-\sqrt{(3/2)}\ \Delta V$ apparaît en V_{sq}. Cette variation va se répercuter sur l'estimateur du flux statorique et par conséquent le courant sera affecté ainsi que tous les autres paramètres du système (comme il a été détaillé au paragraphe III/2.1).

La stratégie de commande DTC est basée sur le contrôle du flux rotorique et du couple électromagnétique. Donc ces deux paramètres seront les moins perturbés lors d'un défaut réseau. D'un autre côté, il n'y a pas de contrôle direct du courant rotorique c'est pour cela que le courant rotorique est plus perturbé qu'avec la stratégie FOC.

Les remarques avancées ci-dessus seront quantifiées par le critère IAE (Figure 3. 36). En effet, le critère IAE va nous permettre de combiner l'effet de l'amplitude et la durée des oscillations et donner ainsi des valeurs concrètes, facile à comparer.

Le calcul du critère est effectué toutes les 0.1s. Ce temps correspond à la durée du défaut, ainsi nous aurons une seule valeur durant le défaut, et une autre après extinction du défaut, et ceci afin de faciliter la comparaison.

Donc l'application du critère IAE nous permet de déduire que : L'erreur du couple est pratiquement nulle avec le DTC. Avec le FOC cette erreur atteint la valeur de 0.5 durant le défaut et la valeur de 1 à l'extinction du défaut. Les perturbations du courant sont plus intenses avec le DTC qu'avec le FOC : l'erreur est deux fois plus importante qu'avec le FOC. L'erreur de la tension du bus continu est plus faible avec le FOC.

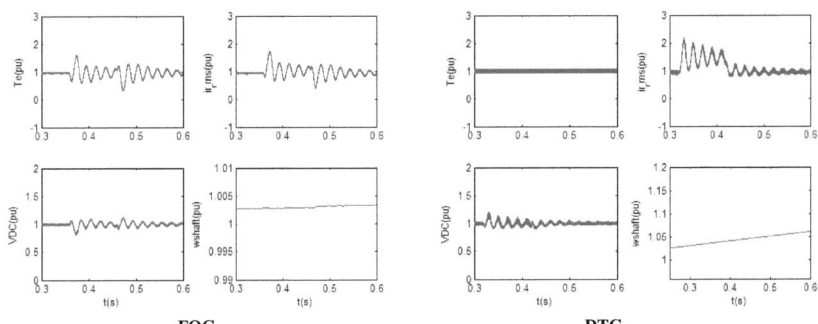

FOC   **DTC**

Figure 3. 35 Les réponses du système avec les deux stratégies de commandes FOC et DTC pour un défaut équilibré de réseau de 10% (toutes les valeurs sont en p.u)

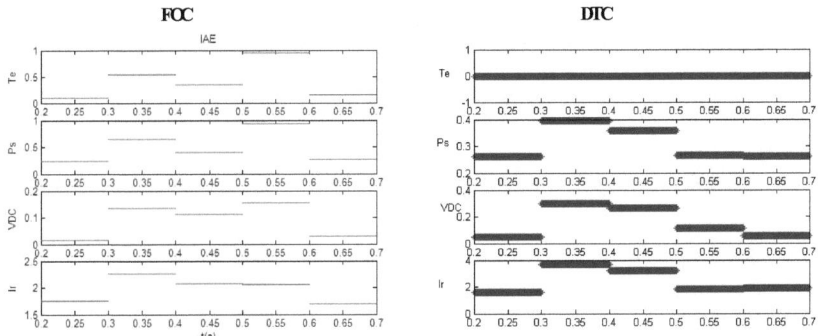

Figure 3. 36 Le critère IAE appliqué au système avec 10% de défaut équilibré du réseau, pour les deux types de contrôle FOC et DTC, Les paramètres présentés sont :Le couple (T₌), la puissance statorique (P₌), la tension du bus continu (V_DC) et le courant rotorique (I_r)

2.2 Défaut déséquilibré de tension

La Figure 3. 37 présente le couple électromagnétique, le courant rotorique, la tension du bus continu et la vitesse de l'arbre en utilisant les stratégies FOC et DTC lors d'un défaut réseau de 10% de la phase une.

Le couple électromagnétique avec la stratégie FOC, présente des oscillations persistantes, le premier pic est de 1.8 fois la valeur du régime permanent. Par contre, le profil du couple avec la stratégie DTC ne présente aucune perturbation.

Les effets du défaut déséquilibré sur le bus continu sont comparables pour les deux stratégies. En fait, il n'y a pas de grandes fluctuations.

Contrairement au défaut équilibré, le défaut d'une seule phase causera pour le FOC en plus de la modification de l'amplitude de V_{sq} quelques oscillations sur V_{sq} et V_{sd} d'une fréquence de $2\omega_s$. Les flux rotorique et statorique seront affectés par le même phénomène, et par conséquent les tensions rotoriques, c'est pour quoi il y a plus d'oscillations qu'avec le défaut équilibré dans les paramètres du système.

Avec le DTC le système n'est pas vraiment affecté par ce défaut. En effet, la régulation du couple continue à fonctionner proprement, ce qui constitue le principal avantage de cette stratégie de commande à comparer avec le FOC où le couple est contrôlé à travers le courant par des régulateurs RST.

De plus, la stratégie FOC suppose que le flux statorique est constant, alors qu'il présente des oscillations. Le DTC ne dépend pas d'hypothèses simplificatrices et n'est pas tributaire d'une orientation de repère précise, c'est pourquoi il est moins affecté et le couple reste compris entre les deux limites de sa bande d'hystérésis.

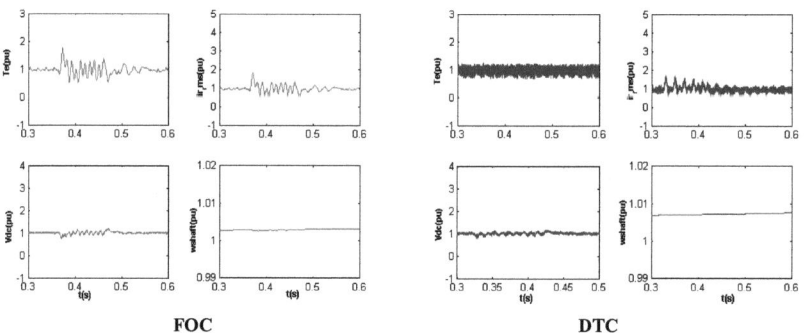

FOC   DTC

Figure 3. 37 Les réponses du système avec les deux stratégies de commandes FOC et DTC pour un défaut déséquilibré de réseau de 10% (toutes les valeurs sont en p.u)

2.3 Défaut fréquence

La Figure 3. 38 présente les différences de comportement entre les deux stratégies de commande pour un défaut fréquence de 0.2% de la fréquence nominale pour une durée de 0.1s.

Concernant le couple électromagnétique, la stratégie FOC présente des oscillations avec un premier pic de 1.8 fois le régime permanent alors que le DTC ne présente pas de perturbation visible.

Pour le courant rotorique , il est moins perturbé avec le FOC qu'avec le DTC.

Avec le FOC l'hypothèse $\phi_{sq} \approx 0$ n'est plus vérifiée c'est pour cela que le système présente ces perturbations. Avec le DTC, le défaut fréquence influence la détermination de la phase du flux rotorique θ_r et par conséquent la référence du flux.

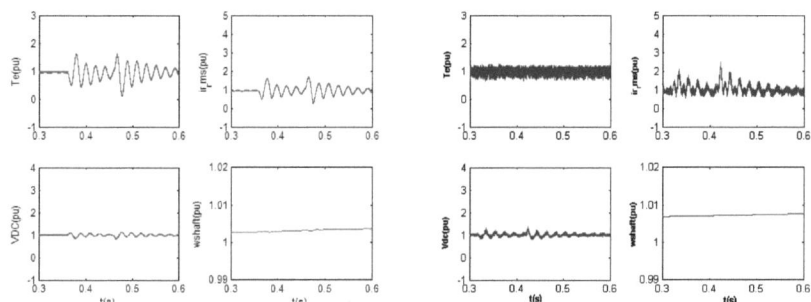

Figure 3. 38 Les réponses du système avec les deux stratégies de commandes FOC et DTC pour un défaut fréquence de 0.2% (toutes les valeurs sont en p.u.)

3   Analyse des résultats

En conclusion, on note que chacune des stratégies exposées (FOC et DTC) présente des avantages et des inconvénients, La stratégie DTC donne pour tous les types de défaut étudiés une réponse en couple parfaite, alors que la stratégie FOC donne un courant moins perturbé lors du défaut. Ces résultats sont dus à la structure propre de chaque stratégie.   Nous notons que la principale préoccupation est de garder le courant rotorique dans une marge bien déterminée afin de protéger les convertisseurs de puissance et éviter de déclencher les circuits de protection de façon intempestive.

V- Conclusion

Dans ce chapitre nous avons étudié le comportement d'un système éolien face à des incidents qui lui sont propres tels que les défauts capteurs du courant ou d'origines extérieures tels que les défauts réseau. Nous avons développé un algorithme de détection et de reconfiguration de la commande pour le cas des problèmes des capteurs.

Ensuite, nous avons détaillé les petits défauts réseau et leurs impacts sur le système éolien, et nous avons proposé une diversité d'estimateurs de flux rotorique et statorique dans le but de minimiser l'effet de ces défauts. Une étude théorique a été menée pour prouver l'importance de bien choisir les estimateurs de flux. Cette étude a été confirmée par les résultats de la simulation.

La dernière partie de ce chapitre a fait l'objet d'une étude comparative de deux stratégies de commandes : le contrôle vectoriel par flux orienté et le contrôle directe du couple. Les réponses du système avec les deux stratégies, lors d'un défaut réseau, ont montré que le contrôle vectoriel donne de meilleurs résultats en courant alors que le contrôle direct du couple donne les meilleurs résultats en couple.

Dans le chapitre suivant, nous allons traiter l'influence des grands défauts réseau sur le système éolien et nous allons proposer un moyen pour les contourner tout en évitant la déconnexion du système du réseau électrique.

Chapitre 4

Reconfiguration du système de puissance dans le cas de défauts de grandes amplitudes

I- Introduction

Dans le chapitre précédent nous avons étudié les défauts réseau de faibles amplitudes. Nous avons montré que la reconfiguration de la commande permettait de diminuer les conséquences de ces défauts, et transmettre au réseau électrique une forme acceptable de la puissance. Mais, cette commande ne sera pas capable d'assurer la continuité du fonctionnement si le défaut atteint une amplitude importante.

De plus les éoliennes doivent s'aligner aux nouvelles exigences des opérateurs du réseau électrique (*new Grid Code Requirements* (GCR)), telles que la génération de la puissance réactive lors des défauts réseau, et le retour rapide à l'injection de la puissance active après disparition du défaut [119], [145]. La non déconnexion du système éolien du réseau pour les profils de défauts imposés par les GCR sont aujourd'hui la contrainte majeure pour ces systèmes.

Donc pour satisfaire ces exigences, il faut adopter des techniques particulières, et chercher de nouvelles structures de systèmes éoliens, ou adapter les structures existantes.

Une méthode pour garantir la continuité du fonctionnement tout en assurant la sécurité des convertisseurs de puissance, est de trouver un autre chemin pour faire circuler le courant de défaut en évitant ainsi son passage à travers les convertisseurs de puissance. Ceci peut être garanti par des circuits de protection, tels que le circuit *crowbar*.

Dans le cadre de ce chapitre, nous spécifions, tout d'abord, les nouvelles exigences des opérateurs du réseau électrique, concernant la connexion des systèmes éoliens au réseau électrique. Ensuite nous détaillons le principe et le dimensionnement du circuit crowbar. A la fin, un exposé de la procédure de fonctionnement des éoliennes en cas de défaut sera présenté : dans cette section, nous discutons en détail l'alimentation du réseau électrique par la puissance réactive durant le défaut, et le fonctionnement en tension réduite.

II- Les exigences du réseau électrique

Durant les dernières années, l'industrie des éoliennes a confronté plusieurs configurations de réseau électrique. Il y avait une ambiguïté concernant la définition d'un réseau en défaut et les règlements d'interconnexion : comment l'éolienne doit réagir durant le défaut et après rétablissement du réseau ? doit elle fournir de l'énergie réactive ? Quelle qualité de puissance doit elle transmettre ? etc.

Alors les différents opérateurs dans le monde, chacun de son côté, ont essayé de définir des codes et des normes concernant la connexion d'une ferme éolienne au réseau électrique afin de garantir la sécurité et assurer un fonctionnement sain du réseau électrique. Plusieurs aspects techniques sont considérés dans les textes des réglementations :

- les besoins du réseau en puissance active et réactive,
- le profil de la tension en régime permanent,
- la compensation de la puissance réactive,
- la qualité de la puissance,
- les procédures de protection du système,
- le comportement dynamique et la stabilité,
- l'échange de l'information entre le producteur d'énergie et le système opérateur.

La réglementation qui nous intéresse le plus dans le cadre de ce chapitre est la continuité de fonctionnement de l'éolienne lorsque le réseau électrique présente un défaut. Cette réglementation est devenue une obligation vu le risque de perdre des milliers de Méga Watt de puissance éolienne dans le cas contraire.

122

La Figure 4. 1 présente les nouvelles réglementations concernant la tension minimale (LVRT : *Low voltage ride through*) à laquelle doit résister la ferme éolienne sans déconnexion du réseau électrique (réglementation de l'opérateur allemand E-ON Netz qui a plus de 42% du réseau électrique du pays). L'éolienne doit donc rester en fonctionnement jusqu'au 15% de la tension nominale pour 0.6s. [119].

Pour la génération des puissances réactives le courant réactif de référence maximal est 100% du courant nominal. Il a une priorité sur le courant actif en cas de défaut réseau (ceci est demandé par la majorité des réglementations d'interconnexion éolienne réseau).

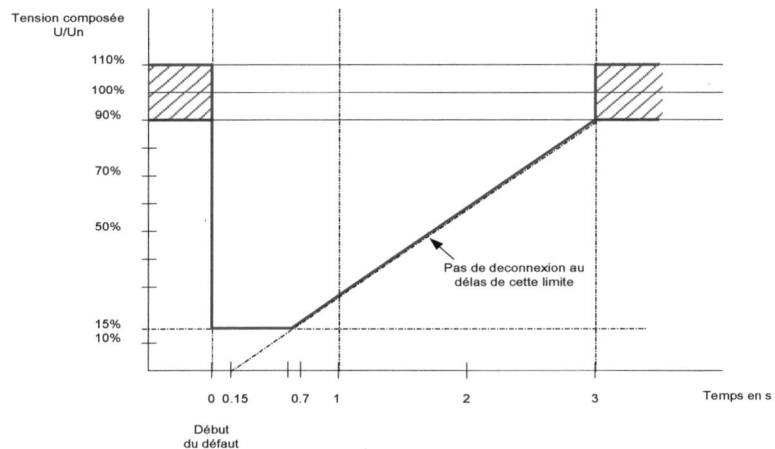

Figure 4. 1 Tensions limites au point de connexion des éoliennes avec le réseau électrique après le défaut réseau

III- Analyse des performances du système éolien muni du circuit crowbar

Dans cette section nous détaillons le circuit crowbar, et pour illustrer son intérêt, nous commençons par présenter les réponses du système éolien en cas de défaut réseau de grande amplitude et sans intervention du circuit crowbar.

1. Réponse du système éolien en mode défaut sans activation des circuits de protection

Dans cette section, nous présentons les performances du système éolien : Tout d'abord, en mode sans défaut pour un changement du point du fonctionnement (un échelon du couple à t = 0.2s, passant de la moitié du couple nominal de la MADA à sa valeur nominale) (Figure 4. 2). Cette situation a été bien expliquée au chapitre précédent, mais, nous la reprenons pour rappeler les bonnes performances de la commande du système en cas de fonctionnement en mode sain.

Ensuite, on appliquera plusieurs défauts de grande amplitude et de natures différentes sans activation d'un circuit de protection additif.

Une simulation du comportement du système est effectuée pour le défaut équilibré (Figure 4. 2), le défaut déséquilibré (Figure 4. 3) et le cas de défaut fréquence (Figure 4. 4). Les simulations montrent que le système perd sa stabilité rapidement, et que le courant rotorique atteint des valeurs non acceptables par la totalité du système et spécialement par les convertisseurs de puissance qui sont généralement dimensionnés pour des valeurs maximales des courants de 150 à 180% du courant rotorique nominal.

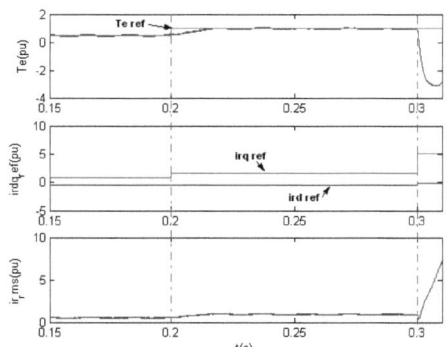

Figure 4. 2Réponses du système éolien pour un changement du point du fonctionnement (à 0.2s) et lors d'un défaut équilibré de tension réseau(70%de V_s à 0.3s) sans activation des circuits de protection. T_e : le couple électromagnétique, i_{rdq_ref} : les composantes dq du courant rotorique de référence, Ir_rms : le courant rotorique

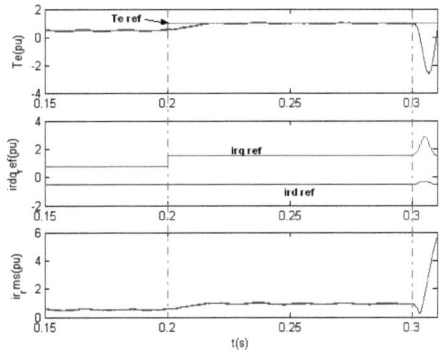

*Figure 4. 3 Réponses du système éolien pour un changement du point du fonctionnement
(à 0.2s) et lors d'un défaut déséquilibré de tension réseau(70%de V$_{s1}$ à 0.3s) sans activation des circuits de
protection. T$_e$: le couple électromagnétique, $_{rdq\_ref}$: les composantes dq du courant rotorique de référence,
Ir_rms : le courant rotorique*

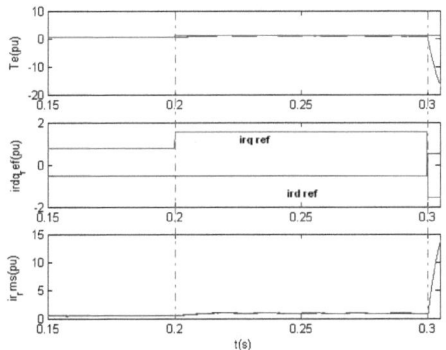

*Figure 4. 4 Réponses du système éolien pour un changement du point du fonctionnement
(à 0.2s) et lors d'un défaut fréquence(10%de ωs à 0.3s) sans activation des circuits de protection. T$_e$: le
couple électromagnétique, i$_{rdq\_ref}$: les composantes dq du courant rotorique de référence, Ir_rms : courant
rotorique*

On déduit donc que, quelle que soit la nature du défaut de grande amplitude, les
commandes des convertisseurs de puissance ne pourront pas assurer la stabilité du
système.   Le courant augmentera énormément, ce qui induira la destruction des
convertisseurs de puissances. Par conséquent, un circuit additionnel doit être mis en
place pour assurer la protection des convertisseurs. Le circuit est le circuit crowbar.
Ce circuit est détaillé par la suite.

2.   Circuit de protection Crowbar

2.1   Définition

Le circuit Crowbar est un moyen rapide pour dissiper l'énergie lors de l'apparition d'un défaut au niveau du réseau. Ce circuit est conçu pour protéger les convertisseurs de puissance d'une augmentation excessive du courant rotorique. En effet, ce courant peut atteindre des valeurs destructives dans le cas d'une grande chute de tension réseau.

Le principe du circuit Crowbar consiste à court-circuiter les enroulements rotoriques. Ainsi, le courant rotorique circulera dans le Crowbar et les convertisseurs seront protégés. La MADA se comportera alors comme une machine asynchrone classique, à rotor en court circuit.

La bibliographie présente une diversité de modèles de circuit Crowbar, comme nous l'avons mentionné au premier chapitre. Nous donnons par la suite les différentes configurations rencontrées dans la littérature.

Dans [144], l'auteur présente deux configurations du circuit crowbar (Figure 4. 5). Dans la première configuration (a), le rotor est court-circuité par deux paires de thyristors montés en antiparallèle et connectés entre phases. Cette configuration présente deux problèmes : premièrement, le nombre élevé de thyristors à commander, deuxièmement le risque de perdre la référence zéro du courant quand on en aura besoin, pour fermer les thyristors. La deuxième configuration (b) est composée d'un pont de diode pour redresser le courant et un seul thyristor pour contrôler le court-circuit. Cette configuration ne permet pas de contrôler le crowbar à l'ouverture, chose nécessaire pour notre application. L'auteur propose de remplacer le thyristor par un GTO-thyristor ou un IGBT.

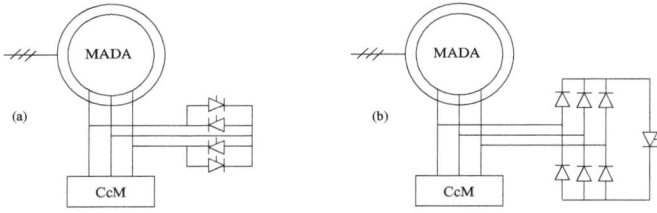

Figure 4. 5 (a) Circuit crowbar à base de thyristors antiparallèles, (b) Circuit crowbar à base de pont de diode[144]

Dans [23], l'auteur adopte la configuration (b) de la Figure 4. 5 et donne une représentation équivalente (Figure 4. 6) qui revient à remplacer tout le circuit par une résistance additionnelle en cas d'activation du circuit crowbar.

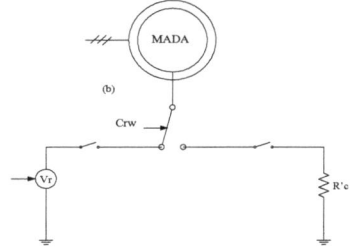

Figure 4. 6 Schéma équivalent du circuit crowbar [23]

Dans le cadre de notre étude, nous avons adopté la structure (b) de la Figure 4. 5 et nous avons effectué quelques modifications pour l'adapter à notre application. La configuration adoptée est présentée à la Figure 4. 7   : elle est constituée d'une résistance triphasée (R_0) connectée à un pont de diode. Ce dernier est lié à un interrupteur électronique(K_{crow}) (commandé en ouverture et en fermeture) en série avec une résistance (R_{crow}).

La commande du circuit Crowbar est basée sur la comparaison du courant rotorique à une valeur de seuil prédéterminée dépendant du dimensionnement des convertisseurs de puissance. Lorsque le courant atteint cette valeur, le circuit Crowbar est actionné.

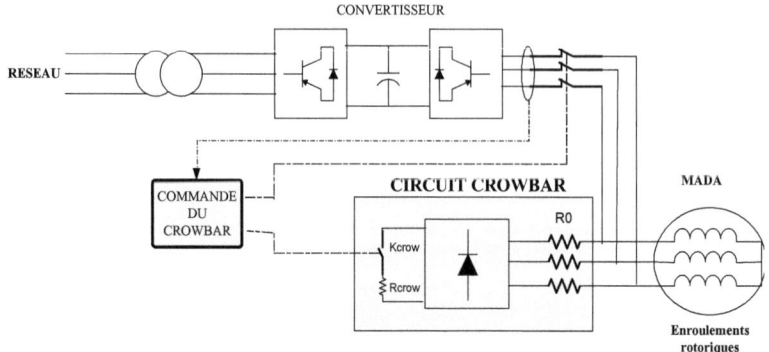

Figure 4. 7 Système éolien muni d'un circuit Crowbar

2.2   Dimensionnement

Le circuit crowbar est constitué de quatre éléments : La résistance triphasée R_0, le pont de diode, l'interrupteur électronique K_{crow} et la résistance R_{crow} (Figure 4. 8).

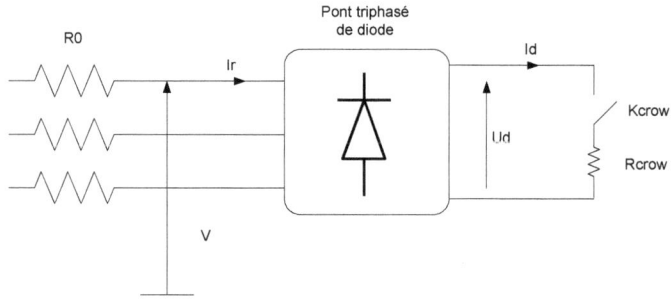

Figure 4. 8 Différents éléments du circuit Crowbar

La résistance R_0 doit être bien dimensionnée afin d'éviter qu'un courant dépassant le courant maximal toléré passe dans le convertisseur côté machine. Donc l'objectif dans la détermination de la valeur de R_0 est de garantir un passage du circuit initial au circuit Crowbar au cas de défaut et un retour au circuit initial lorsque le défaut réseau est éliminé [152]. Les passages d'une configuration à une autre doivent se faire dans les meilleures conditions.

Pour cela nous calculons le courant rotorique pour les quatre états de fonctionnement du système éolien :

128

- Premier état :   Mode sain

- Deuxième état :   Mode de défaut avant activation du circuit crowbar

- Troisième état :   Mode de défaut après activation du circuit crowbar

- Quatrième état :   Retour au mode sain avant désactivation du circuit crowbar

Le calcul est basé sur le schéma monophasé équivalent de la MADA (Figure 4. 9)

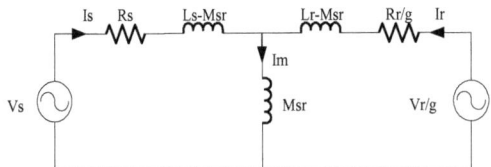

Figure 4. 9 Circuit monophasé équivalent de la MADA

- **Premier état : Mode sain**

De la Figure 4. 9   nous déduisons les équations du courant et de la tension rotorique (I_{r_1} et V_{r_1}) en fonction du courant et de la tension statorique:

$$I_{r\_1} = \frac{1}{jM_{sr}\omega_{s\_nom}}V_{s\_sain} - \frac{\left(R_s + jL_s\omega_{s\_nom}\right)}{jM_{sr}\omega_{s\_nom}}I_{s\_sain} \qquad (4.\ 1)$$

$$V_{r\_1} = \frac{R_r + jgL_r\omega_{s\_nom}}{jM_{sr}\omega_{s\_nom}}V_{s\_sain} - \frac{\left(R_s + jL_s\omega_{s\_nom}\right)\left(R_r + jgL_r\omega_{s\_nom}\right) + gM_{sr}^{2}\omega_{s\_nom}^{2}}{jM_{sr}\omega_{s\_nom}}I_{s\_sain} \qquad (4.\ 2)$$

Où V_{s_sain} et I_{s_sain} sont respectivement la tension et le courant statoriques en mode sain pour le point de fonctionnement considéré.

- **Deuxième état : Mode de défaut avant activation du circuit crowbar**

Le défaut réseau est arrivé, mais le circuit crowbar n'est pas encore activé. Comme exemple pour le calcul on considère un défaut équilibré de tension de 90% de V_s, donc la nouvelle valeur de la tension statorique devient :

$$V_{s\_défaut} = 0,10.V_{s\_sain} \qquad (4.\ 3)$$

Dans ce cas le courant rotorique aura la valeur prédéterminée qui actionnera le circuit crowbar. Dans le présent modèle, on adoptera la valeur de 150% de la valeur du courant rotorique en mode sain (I_{r_1}), ce qui donne :

$$I_{r\_2} = 1.5 I_{r\_1} \qquad (4.\ 4)$$

- **Troisième état : Mode de défaut après activation du circuit crowbar**

Les mêmes conditions de défaut mentionnées en (4.3) persistent, le circuit crowbar est maintenant activé, il court-circuite les enroulements rotoriques, par conséquent la tension rotorique devient nulle :

$$V_{rot\_3} = 0 \qquad (4.\ 5)$$

La résistance totale est alors devenue :

$$R_{r\_tot} = R_r + R_0 \qquad (4.\ 6)$$

Donc en considérant la tension rotorique nulle et la nouvelle valeur de résistance (R_{r_tot}) , le courant statorique devient :

$$I_{s\_3} = \frac{R_{r\_tot} + jgL_r\omega_{s\_nom}}{\left(R_s + jL_s\omega_{s\_nom}\right)\left(R_{r\_tot} + jgL_r\omega_{s\_nom}\right) + gM_{sr}^2\omega_{s\_nom}^2} V_{s\_défaut} \qquad (4.\ 7)$$

Par conséquent le courant rotorique devient :

$$I_{r\_3} = \frac{1}{jM_{sr}\omega_{s\_nom}} V_{s\_défaut} - \frac{\left(R_s + jL_s\omega_{s\_nom}\right)}{jM_{sr}\omega_{s\_nom}} I_{s\_3} \qquad (4.\ 8)$$

- **Quatrième état : Retour au mode sain avant désactivation du circuit crowbar**

Dans ce cas le problème du réseau est éliminé, mais le crowbar est encore actif, donc les équations (4.5) et (4.6) restent valables. Les courants statorique et rotorique deviennent alors :

$$I_{s\_4} = \frac{R_{r\_tot} + jgL_r\omega_{s\_nom}}{\left(R_s + jL_s\omega_{s\_nom}\right)\left(R_{r\_tot} + jgL_r\omega_{s\_nom}\right) + gM_{sr}^2\omega_{s\_nom}^2} V_{s-sain} \qquad (4.\ 9)$$

$$I_{r\_4} = \frac{1}{jM_{sr}\omega_{s\_nom}} V_{s\_sain} - \frac{\left(R_s + jL_s\omega_{s\_nom}\right)}{jM_{sr}\omega_{s\_nom}} I_{s\_4} \qquad (4.\ 10)$$

Le choix de la résistance R_0 doit assurer un courant dans le circuit crowbar inférieur au courant rotorique de défaut. Si cette condition n'est pas vérifiée, aussitôt le circuit crowbar est désactivé (défaut réseau éliminé), un courant supérieur au courant limite de défaut sera injecté dans les convertisseurs de puissance et le circuit crowbar est réactivé de nouveau même s'il n'y pas de défaut réseau. Par conséquent on doit avoir le courant rotorique des troisième et quatrième états inférieurs à celui du deuxième état :

$$\begin{cases} I_{r\_3}(R_0) & < & I_{r\_2}(R_0) \\ I_{r\_4}(R_0) & < & I_{r\_2}(R_0) \end{cases} \qquad\qquad (4.\ 11)$$

Pour dimensionner la résistance R_0, une simulation a été effectuée en deux parties : la première est effectuée en régime permanent (Figure 4. 10) et consiste en une comparaison entre le courant dans le circuit crowbar et le courant rotorique dans le cas du mode sain et en cas du défaut (les courants des quatre états mentionnés ci-dessus). Les courants sont tracés en fonction de R_0 (Figure 4. 10). Cette simulation va nous permettre de déduire les valeurs limites de R_0 (points A et B).

En fait, le choix de R_0 doit vérifier un courant dans le circuit crowbar compris entre les valeurs du courant rotorique en mode défaut et en mode sain. La meilleure valeur sera celle obtenue lorsque R_0 satisfait la condition qu'un courant dans le circuit crowbar au moment de l'extinction du défaut égal au courant en mode sain (point B). Ainsi le retour du circuit avec crowbar au circuit initial sera effectué sans grande perturbation du système.

La Figure 4. 10 présente le courant rotorique en fonction de R_0 dans les quatre cas : mode sain (1er état), après défaut avant activation du circuit crowbar (2ème état), après activation du crowbar (3ème état) et le retour au mode sain avant désactivation du crowbar (4ème état). Les intersections des courbes du premier et quatrième état, puis du deuxième et quatrième états donnent les valeurs limites de R_0 :

L'intersection des courbes du deuxième et quatrième états (point A) présente la valeur minimale de R_0 (dans ce cas 0.17Ω). Cette valeur ne doit pas être dépassée, sinon, lorsque le système reprendra sa configuration initiale, le crowbar sera activé de nouveau, même s'il n'y a pas défaut réseau.

L'intersection des courbes du 1er et $4^{éme}$ états (point B) présente la valeur idéale de R_0 (dans ce cas 0.23Ω). En fait, cette valeur garantit que le système reprend sa configuration initiale sans changement du courant rotorique.   L'intersection correspond au courant en mode sain.

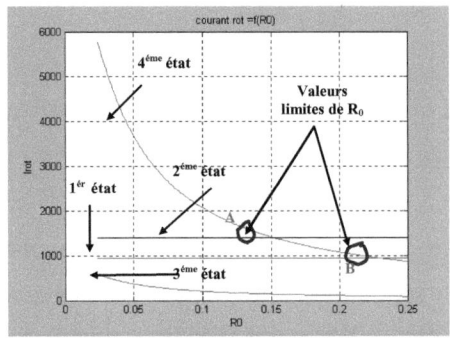

Figure 4. 10Courant rotorique pour les quatre états de fonctionnement en fonction de R_0 (g=-0.3%)

La deuxième partie de simulation est effectuée en mode dynamique. Elle consiste à étudier la réponse du système éolien pour les deux valeurs limites de R_0 (0.17Ω et 0.23Ω) et à valider ainsi les résultats trouvés. Le défaut étudié est un défaut équilibré de 90% de V_s parvenant de 0.3 à 0.5s (Figure 4. 11) :

La simulation montre une nette différence entre les réponses du système pour les deux valeurs de R_0. En effet, une perturbation de dix fois la valeur initiale est notée avec la valeur $R_0 = 0.17\Omega$, alors qu'avec la valeur $R_0 = 0.23\Omega$, elle est seulement de 0.2 à 0.5 fois les valeurs initiales.

En conclusion, nous déduisons qu'un bon dimensionnement de R_0 réduit visiblement les perturbations des courants et du couple durant le mode transitoire.

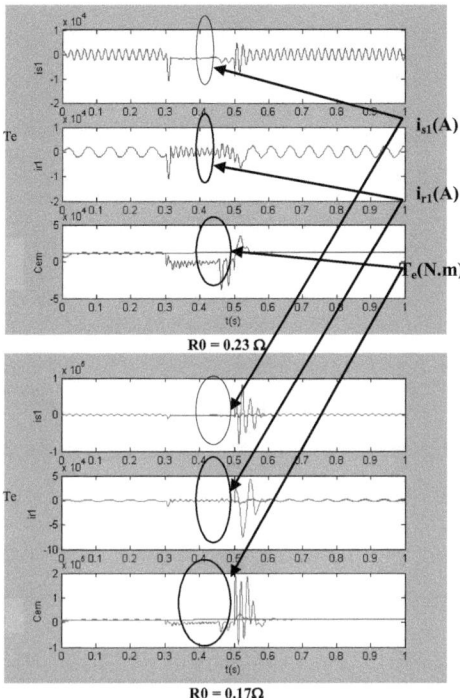

Figure 4. 11Les paramètres du système éolien lors de l'activation à t=0.3s et la désactivation à t= 0.5s du circuit crowbar pour les deux valeurs limites de R_0(0.23Ω et 0.17Ω), I_{r1} :1ère phase du courant rotorique, I_{s1} : 1ère phase du courant statorique, T_e : couple électromagnétique.

D'un autre côté, on note que le choix de R_0 est indépendant du pourcentage du défaut, mais il dépend de la valeur du glissement. Les calculs de l'exemple sont effectués avec un glissement de −0.3. Pour un glissement de +0.2, les valeurs limites de R_0 sont : 0.38Ω et 0.574Ω.

Donc pour choisir une résistance R_0 qui répond à la totalité de la marge du fonctionnement du système, hyper-synchronisme et hypo-synchronisme (glissement entre les valeurs −0.3 et 0.2), nous choisissons la valeur de R_0 égale à 0.574Ω. Pour vérifier que cette valeur satisfait le fonctionnement du système pour tout l'intervalle du glissement [-0.3 0.2], nous présentons les résultats de simulation dans le pire des cas, c'est-à-dire pour R_0 = 0.574 et g = -0.3 (Figure 4. 12). Les résultats ne sont pas aussi bons que pour le cas de R_0 = 0.23Ω (Figure 4. 11), mais on peut considérer que les oscillations sont acceptables.

133

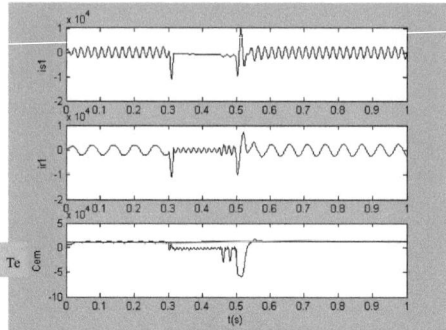

Figure 4. 12Les paramètres du système éolien lors de l'activation et la désactivation du circuit crowbar pour R0=0.57Ω et g=-0.3. I_{r1} :1ère phase du courant rotorique, I_{s1} : 1ère phase du courant statorique, T_e : couple électromagnétique.

Le pont de diode est dimensionné pour le courant moyen qui le traverse et U_{d_max}. Il doit supporter le courant de défaut (I_{r_2}) (équation (4.4)).

Concernant le choix de l'interrupteur de puissance K_{crow}, il doit supporter un courant continu de $\sqrt{3}I_{r\_2}$ et doit être contrôlable à l'ouverture et à la fermeture.

Nous donnons par la suite le dimensionnement de la résistance R_{crow} en série avec l'interrupteur de puissance :

Soit V la tension simple à l'entrée du pont de diode. Elle vérifie l'équation suivante :

$$V = V_r - R_0 . I_r \qquad (4.\ 12)$$

A l'activation du crowbar $V_{rot} = 0$, on obtient donc:

$$V = -R_0 . I_r \qquad (4.\ 13)$$

La tension continue à la sortie du pont de diode est donnée par :

$$U_d = \frac{3\sqrt{6}}{\pi} V \qquad (4.\ 14)$$

La valeur efficace du courant à la sortie du pont de diode sera égal à :

$$I_{r\_eff} = \frac{I_d}{\sqrt{3}} \qquad (4.\ 15)$$

La puissance à la sortie du pont de diode lorsque le crowbar sera activé sera de la forme :

134

$$P = U_d . I_d = R_{crow} . I_d^2 \qquad\qquad (4.16)$$

En remplaçant U_d et I_d par leurs expressions des équations (4.14) et (4.15) et en utilisant l'expression de V dans l'équation (4.13) on trouve la valeur de R_{crow} :

$$R_{crow} \approx 0.7 R_0 \qquad\qquad (4.17)$$

3. Réponse du système avec crowbar

Nous étudions maintenant le comportement du système pour un défaut réseau équilibré de 70% de V_s avec activation du circuit crowbar.

La Figure 4. 13 présente la tension statorique avant et après le défaut. Le défaut commence à 0.3s, le circuit crowbar est activé après quelques millisecondes, Ce qui conduit à l'annulation de la tension rotorique (V_r). L'activation du circuit crowbar dépend de la valeur du courant rotorique. Dans le cas de la présente simulation, le crowbar est activé lorsque le courant rotorique atteint 1.8 sa valeur nominale comme c'est présenté à la Figure 4. 14 .

Lors de l'activation du crowbar, la MADA ne fournit plus de la puissance au réseau donc la puissance statorique active P_s tend vers zéro et le couple devient négatif puisque la MADA ne joue plus le rôle de génératrice (Figure 4. 15 et Figure 4. 16)

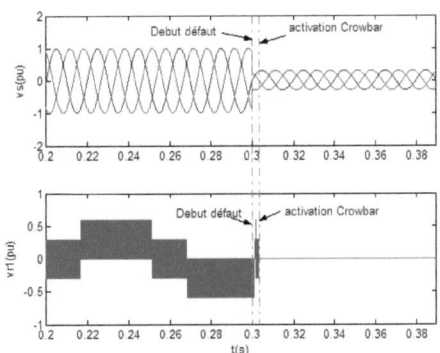

Figure 4. 13 Les tensions statorique et rotorique lors d'un défaut équilibré de 70% de V_s (à 0.3s) avec activation du crowbar

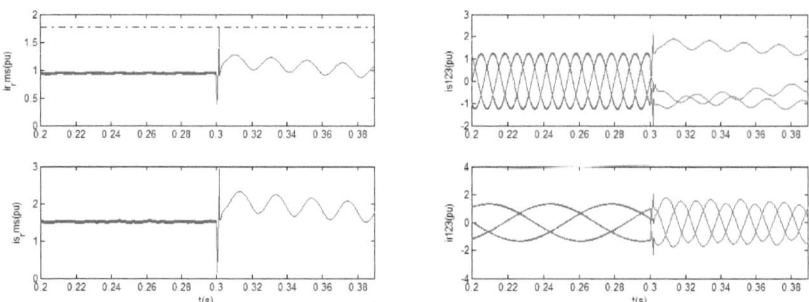

Figure 4. 14 Les courants rotoriques et statoriques lors d'un défaut équilibré de 70% de V_s (à 0.3s) avec activation du crowbar

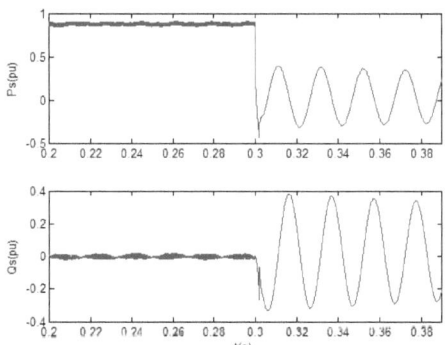

Figure 4. 15 Les puissances statoriques active et réactive lors d'un défaut équilibré de 70% de V_s (à 0.3s) avec activation du crowbar

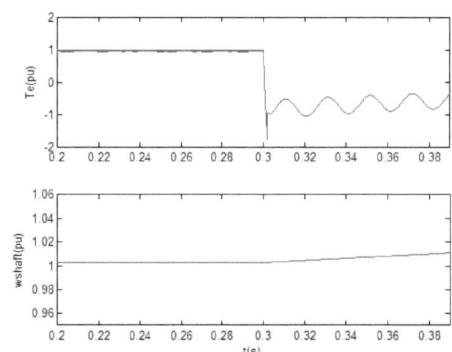

Figure 4. 16 Le couple électromagnétique et la vitesse de l'arbre lors d'un défaut équilibré de 70% de V_s (à 0.3s) avec activation du crowbar

En conclusion, on note que le circuit crowbar permet de réduire les courants rotoriques et de protéger ainsi les convertisseurs de puissance. Mais, tel que présenté le système éolien sera passif envers le réseau électrique, ce qui ne répond pas aux nouvelles exigences du réseau électrique. Alors pour venir en aide au réseau en défaut on propose dans le paragraphe suivant une procédure spéciale, qui va permettre au système éolien de fonctionner en tension réduite [154].

IV- Intervention du système pour remédier à une chute de tension réseau

L'enchaînement des activations et désactivations du circuit de protection lors d'un grand défaut réseau sera comme suit : apparition d'un défaut réseau, puis activation du circuit crowbar lorsque le courant rotorique atteint une valeur prédéterminée, ensuite déconnexion du convertisseur côté machine, la MADA devient similaire à une machine asynchrone conventionnelle.

Ensuite, si le défaut persiste, le circuit crowbar sera désactivé après quelques centaines de millisecondes, et le système reprend sont fonctionnement mais à tension réduite. Il peut même alimenter le réseau électrique par la puissance réactive durant le défaut.

Lorsque le défaut est éliminé, le circuit crowbar est activé de nouveau (pour protéger les convertisseurs de puissance du fort courant) pour quelques centaines de millisecondes ensuite désactivé de nouveau et le système reprend son fonctionnement normal.

Les différentes étapes de fonctionnement sont résumées dans l'organigramme de la Figure 4. 17

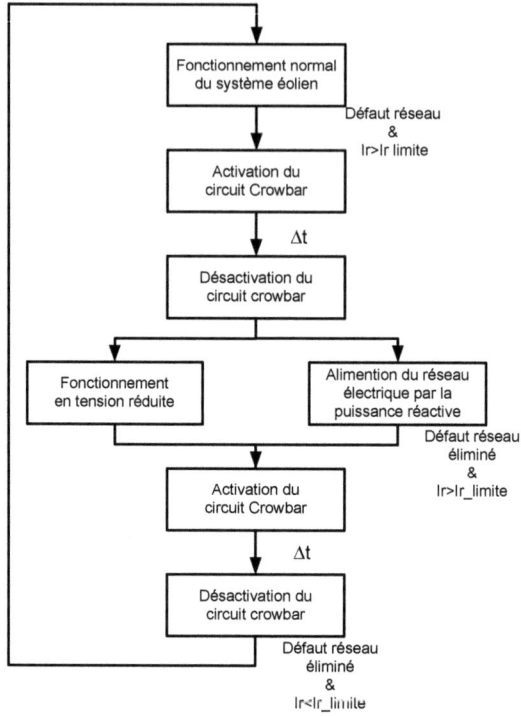

Figure 4. 17Fonctionnement du système éolien durant un défaut réseau de grande amplitude

Le but d'une commande à tension réduite est d'alimenter le réseau électrique par le maximum de puissance, afin d'aider le réseau durant le défaut et de minimiser les dégâts. Une méthode pour assurer la fourniture du maximum de puissance avec la tension réduite disponible au niveau du réseau est d'avoir la puissance active égale à zéro et de fournir le maximum du réactif selon la tension de défaut.

Avant de détailler les choix des références des puissances active et réactive nous allons montrer comment la génération de la puissance réactive permet de supporter le réseau électrique.

Le réseau connecté au système générateur de puissance peut être présenté par la Figure 4. 18

138

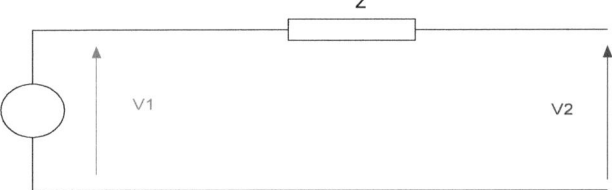

Figure 4. 18 Réseau électrique monophasé

L'inductance de la ligne est définie par *Z=R+jX*, La différence entre les deux tensions est égale à : *RI+jXI*. Nous supposons que le déphasage entre *V1* et *V2* est très faible donc la tension aux bornes de l'impédance *Z* sera de la forme :

$$\Delta V = RI \cos\varphi + XI \sin\varphi \qquad (4.\,18)$$

ce qui implique :

$$\Delta V = R\frac{P}{V2} + X\frac{Q}{V2} \qquad (4.\,19)$$

Ainsi, la chute de tension au niveau de la ligne dépend aussi bien de la puissance active que de la puissance réactive. Donc si nous fournissons de la puissance réactive, nous améliorons la tension au niveau des charges correspondantes à ce tronçon de ligne.

Pour assurer la puissance active nulle, il suffit d'imposer un couple de référence nul (Figure 4. 19), conformément à la relation suivante :

$$P_{s\_ref} = T_{e\_ref} \cdot \frac{\omega_s}{p} \qquad (4.\,20)$$

Ensuite pour avoir le maximum de puissance réactive, la valeur de référence (Q_{s_ref}) doit vérifier la relation suivante :

$$Q_{s\_ref} = 3.I_{max}V_{fault} \qquad (4.\,21)$$

Dans la simulation de la Figure 4. 19, la tension de défaut est égale à 0.3 p.u., I_{max} est égale à 1 p.u donc Q_{s_ref} sera égale à 0.3 p.u.

Il est à noter, que pour minimiser les oscillations des paramètres de la machine (couple, courant) lors du passage d'un état à un autre, le changement des références

(T_{e_ref} et Q_{s_ref}) de leurs valeurs initiales aux nouvelles valeurs, est fait lentement (Figure 4. 19)

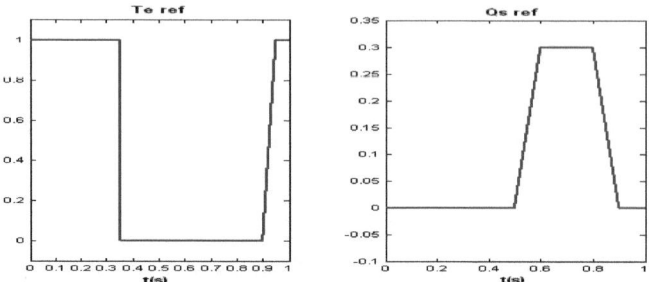

Figure 4. 19Référence du couple et de puissance réactive (p .u .)

Sachant que la commande du convertisseur côté machine conduit à $V_{sd} = 0$, on peut alors déduire les expressions des puissances statoriques:

$$\begin{cases} P_s = V_{sq}I_{sq} \\ Q_s = -V_{sq}I_{sd} \end{cases} \qquad (4.\ 22)$$

Par conséquent, les courants rotoriques de référence seront présentés comme suit :

$$\begin{cases} I_{rd\_ref} = \dfrac{1}{M_{sr}}\phi_{sd} - \dfrac{L_s}{M_{sr}V_{sq}}Q_{s\_ref} \\ I_{rq\_ref} = \dfrac{T_{e-ref}}{p\dfrac{M_{sr}}{L_s}\phi_{sd}} \end{cases} \qquad (4.\ 23)$$

Le processus utilisé pour simuler le fonctionnement du système éolien muni d'un circuit crowbar est présenté à la Figure 4. 20.

L'état présenté est le cas du mode sain. Si un défaut réseau provoque un dépassement des courants rotoriques de la valeur prédéterminée (1.8p.u), les interrupteurs S2 et S4 (CROWBAR) seront actionnés pour annuler ainsi la tension rotorique (Figure 4. 21),(Le circuit crowbar est simulé par des résistances additives). Cette action va durer 150ms.

Si le défaut réseau persiste encore, les interrupteurs S2 et S4 retourneront à leurs positions initiales pour désactiver le crowbar. Ils permettront ainsi au système de fonctionner à tension réduite.

Ensuite les interrupteurs S1 et S3 seront activés, ce qui permettra d'avoir le courant rotorique maximal indépendamment du défaut réseau (Figure 4. 24).

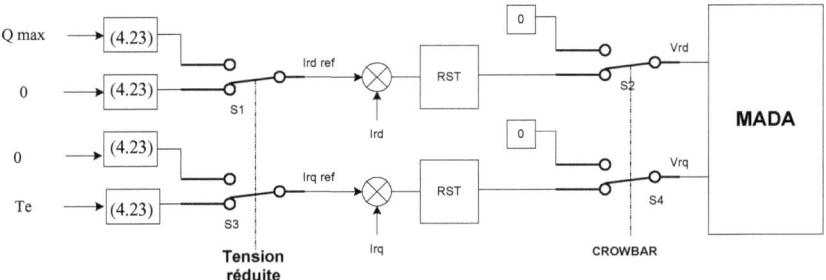

Figure 4. 20Processus de simulation

La Figure 4. 22   présente le couple électromagnétique de la MADA.   Ce dernier passe de la valeur de 1p.u. (dans le cas du mode sain, avant 0.35s)   à une valeur négative (lorsque le crowbar est activé).

Dans ce cas, la machine ne fournit plus de la puissance au réseau électrique. Elle se comporte donc comme un moteur et non pas comme un générateur.

A l'instant 0.5s, le crowbar est désactivé et le système reprend son fonctionnement mais à tension réduite. Le couple rejoint la valeur de sa nouvelle référence qui est égale à zéro, et il garde cette valeur jusqu'à l'extinction du défaut réseau et la réactivation du circuit crowbar de nouveau.

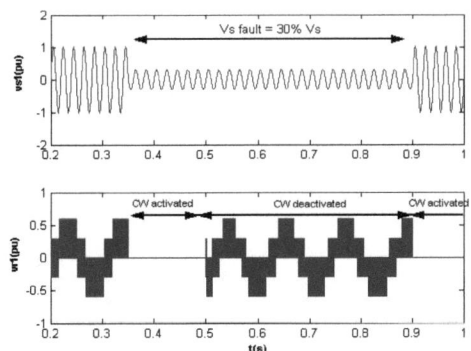

Figure 4. 21 Tensions statorique et rotorique (en p.u.)

141

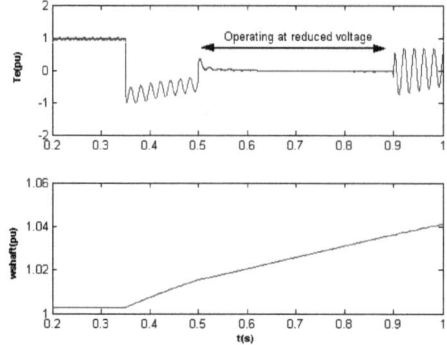

Figure 4. 22 Le couple et la vitesse de l'arbre (en p.u.)

La Figure 4. 23   présente les puissances statoriques active et réactive. Lors du fonctionnement en mode tension réduite, la puissance active sera nulle et la puissance réactive atteint une valeur de 0.3 p.u. suivant ainsi les valeurs de référence imposées (Figure 4. 19).

Donc dans ce cas le système fournit au réseau électrique de la puissance réactive.

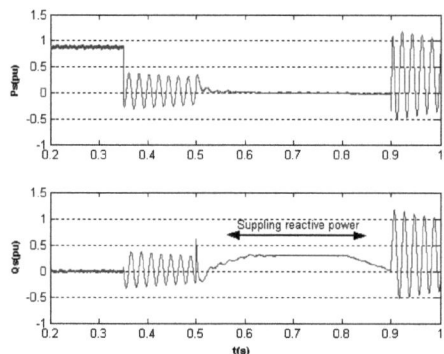

Figure 4. 23 Puissance active et réactive statorique (en p.u.)

La Figure 4. 24 montre les courants rotoriques et statoriques, durant chaque intervalle de fonctionnement du système éolien.   Les oscillations dans les courants lors de l'activation du circuit crowbar peuvent être réduites par un meilleur ajustement des paramètres du circuit crowbar, et de toutes les façons ces oscillations ne concernent pas les convertisseurs de puissance.

142

La simulation du courant rotoriques démontre l'efficacité du choix des références du couple et de la puissance réactive.   En effet, on voit bien que durant le fonctionnement à tension réduite, le courant rotorique atteint sa valeur unitaire en p.u.

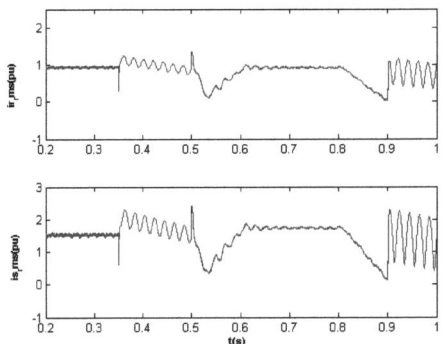

Figure 4. 24 Courants rotoriques et statoriques (en p.u.)

D'autres solutions sont proposées dans la littérature. Parmi elles, celle décrite dans [110] où les auteurs proposent de limiter le courant à travers un jeu de résistances connectées aux enroulements rotoriques sans déconnexion du convertisseur du rotor ou du réseau. Cette solution permet de minimiser les ouvertures et fermetures des circuits de puissance, mais le problème réside dans les fortes oscillations du courant après l'apparition et l'extinction du défaut réseau, alors qu'avec la méthode que nous proposons ces oscillations ne posent pas de problèmes puisqu'elles passent à travers le circuit crowbar et non à travers les convertisseurs de puissances.

V- Conclusion

Dans ce chapitre nous avons traité le cas des grands défauts réseau et le comportement du système éolien à base de MADA face à ces défauts. Nous avons soulevé les nouveaux codes et exigences des opérateurs des réseaux électriques.

En effet, vu l'importance de la puissance délivrée par les systèmes éoliens et le risque d'aggraver la situation en cas de déconnexion, il n'est plus permis que les fermes éoliennes se déconnectent du réseau électrique lorsque ce dernier est en défaut.

En plus il est exigé que le système éolien soit capable de fournir de la puissance réactive en cas de défaut pour supporter le réseau électrique.

Donc pour s'aligner à ces exigences, nous avons proposé dans ce chapitre une procédure de fonctionnement du système éolien, qui permet de rester connecté au réseau en cas de défaut et fournir de la puissance réactive si nécessaire.

Les résultats de simulation ont prouvé l'efficacité de cette méthode pour assurer le fonctionnement du système éolien durant les conditions de défaut.

Nous avons aussi détaillé le dimensionnement des différentes parties du circuit crowbar, et nous avons démontré l'importance d'un bon dimensionnement de ce circuit de protection afin d'éviter sa réactivation après extinction du défaut et retour au fonctionnement normal.

Conclusion Générale

Dans ce livre, nous avons proposé une contribution à l'amélioration de la commande d'un système éolien muni d'une machine asynchrone doublement alimentée.

Nous nous sommes particulièrement intéressés au fonctionnement du système en présence de défauts. Nous avons cherché à atteindre les objectifs suivants :

- Assurer le transfert du maximum de puissance au réseau électrique,
- Assurer une bonne qualité de la puissance fournie par l'éolienne,
- Assurer la sécurité de fonctionnement du système éolien, quelles que soient les conditions de travail,
- Répondre aux nouvelles exigences des réseaux électriques.

Pour atteindre ces objectifs, il a été nécessaire de mener une étude bibliographique dans le domaine de l'énergie éolienne, d'où le premier chapitre qui présente un passage en revue des sujets les plus abordés par la littérature sur ce thème. Cette synthèse bibliographique nous a permis de prendre connaissance des nouveautés dans ce domaine et des problèmes souvent évoqués ainsi que des différents systèmes de commande proposés.

Donc ce premier chapitre a été consacré à la présentation générale d'un système éolien, de sa structure en termes de puissance et de commande et de ses applications. Nous avons également évoqué les problèmes qui peuvent surgir lors du raccordement au réseau électrique.

145

Nous avons aussi rappelé les nouvelles recommandations des réseaux électriques : ces derniers exigent des règles bien strictes que le système éolien doit satisfaire, telles que :

- La continuité du fonctionnement en cas de défaut réseau
- Le soutien du réseau électrique, dans le cas de défaut, par la fourniture de la puissance réactive.

Dans le deuxième chapitre nous avons d'abord présenté la modélisation des différentes parties du système adopté. Ensuite, nous avons entamé une étude des limites de fonctionnement, qui nous a permis de générer les valeurs de référence pour la commande. Puis nous avons mis au point la commande du système avec les régulateurs adéquats afin de satisfaire les meilleures performances en mode sain. La commande adoptée est le contrôle vectoriel par orientation du flux statorique.

Afin de valider le bon fonctionnement de la commande adoptée, une étude comparative des deux types de commande FOC et DTC a été effectuée (*FOC−flux Oriented Control*, correspondant au contrôle vectoriel que nous avons développé et *DTC* pour *Direct Torque Control*). La comparaison au niveau de ce chapitre a concerné les performances obtenues en mode sain et la robustesse vis-à-vis des variations des paramètres de la machine. En analysant les résultats de comparaison dans le mode sain, nous notons que le DTC n'est pas trop influencé par une mauvaise identification des paramètres de la machine et qu'il présente une réponse plus rapide pour le couple lors d'un changement de point de fonctionnement. Néanmoins, les performances obtenues avec le contrôle vectoriel sont largement satisfaisantes pour l'application éolienne considérée.

Après l'analyse et l'évaluation des performances du système éolien ainsi que de la stratégie de commande choisie, nous sommes passés dans le chapitre suivant à la reconfiguration et l'adaptation de cette commande en vue d'assurer une continuité de service avec un bon degré de performances, quand le système est affecté par des défauts.

Ce troisième chapitre est réparti en deux grands volets : le premier concerne le défaut capteur de courant. En effet, nous avons montré qu'un défaut au niveau d'un capteur de courant ne peut pas être négligé vu ses influences néfastes sur le système. Nous avons alors proposé une méthode de détection et d'isolation du capteur en défaut, puis de reconfiguration de la commande pour éviter l'utilisation des mesures erronées dans la boucle de régulation. La méthode de détection et d'isolation est basée sur la redondance de la mesure par l'utilisation de trois capteurs de courant au lieu de deux uniquement, comme c'est généralement le cas, quand il n'y a pas de courant homopolaire. Elle utilise les propriétés des transformations de Park et mène à des résidus facilement implantables pour des applications temps réels, contrairement aux approches classiques, telles que les approches par espace de parité. La reconfiguration est basée sur les redondances analytiques au niveau de l'algorithme de commande, découlant directement du choix du repère de travail. Les résultats de simulation ont prouvé l'efficacité de la méthode.

Le deuxième volet du troisième chapitre, concerne un autre type de défaut : celui provenant du réseau électrique. Ce type de réseau peut prendre plusieurs formes. Dans le cadre de ce livre, nous avons traité le cas des défauts équilibrés et déséquilibrés de tension de phases ainsi que le défaut de variation de la fréquence du réseau. Pour minimiser les effets de ces défauts sur la réponse du système éolien, nous avons développé plusieurs expressions d'estimateurs des flux rotorique et statorique. Nous avons ainsi montré que l'utilisation de l'estimateur adéquat selon le type de défaut permet de minimiser l'influence du défaut sur le système éolien. Un tableau comparatif a été dressé pour évaluer l'impact de l'utilisation des différents estimateurs selon le défaut réseau. En effet, nous avons présenté dans ce tableau l'évaluation de la réponse du système en termes de perturbation du régime transitoire et de stabilité en régime permanent pour chaque paire d'estimateur du flux rotorique et statorique. Les résultats de simulation ont montré qu'une reconfiguration de la commande selon le défaut réseau permet d'améliorer considérablement les réponses du système éolien.

La dernière partie de ce chapitre a été consacrée à la comparaison en mode défaut de la stratégie de commande adoptée qui est le FOC, avec la stratégie DTC. La comparaison a montré que chacune des stratégies considérées (FOC et DTC) présente des avantages et des inconvénients, La stratégie DTC donne pour tous les types de défaut étudiés une réponse en couple parfaite. La stratégie FOC donne dans la majorité des cas un courant moins perturbé lors du défaut. Ces résultats sont dus à la structure propre de chaque stratégie. Nous notons que notre première préoccupation a été de garder le courant rotorique inférieur à un seuil prédéfini afin de protéger les convertisseurs de puissance et éviter de déclencher les circuits de protection de manière intempestive.

Dans le quatrième chapitre nous avons étudié le cas des perturbations de grandes amplitudes du réseau. Dans ce cas de figure, une reconfiguration de la commande est insuffisante pour protéger le système éolien et garantir la continuité de fonctionnement, tel qu'exigé par les nouveaux codes du réseau. L'introduction d'un circuit additionnel de protection a été indispensable.

Nous avons alors opté pour l'utilisation du circuit communément appelé *Crowbar*, qui permet de court-circuiter les enroulements rotoriques et de protéger ainsi les convertisseurs de puissance.

Mais, une activation de ce circuit durant toute la durée de défaut implique que le système éolien demeure passif envers le réseau électrique. Ainsi le soutien du réseau électrique ne peut pas être garanti, contrairement aux nouvelles exigences des réseaux électriques.

Donc, pour venir en aide au réseau en défaut nous avons proposé une procédure spéciale, qui permet au système éolien de fonctionner sous tension réduite. Cette procédure se présente comme suit :

Suite à l'apparition du défaut au niveau du réseau, et à l'activation du circuit crowbar (lorsque le courant rotorique atteint la valeur de seuil prédéfinie), le convertisseur côté rotor est déconnecté et la MADA devient alors similaire à une machine asynchrone conventionnelle, à rotor en court circuit. Ensuite, si le défaut persiste, le circuit Crowbar est désactivé après quelques centaines de millisecondes, et le système reprend son fonctionnement mais à tension réduite. Dans ce cas, le système éolien alimente le réseau électrique par de la puissance réactive durant le défaut. Lorsque le défaut est éliminé, le circuit crowbar est activé de nouveau pour quelques centaines de millisecondes ensuite désactivé. Ainsi le système reprend son fonctionnement normal.

Nous avons aussi traité le dimensionnement du circuit crowbar et nous avons montré l'importance de bien choisir les résistances de ce circuit afin d'assurer effectivement la protection du système éolien.

Nous notons que, cette étude nous a permis de déduire les avantages et les inconvénients d'une commande classique en fonctionnement normal et en cas de défaut. Elle nous a aussi permis de développer des algorithmes de reconfiguration de la commande, en présence des défauts pour réduire leurs effets sur le système éolien et assurer une continuité de service avec une meilleure qualité de l'énergie transmise au réseau.

Plusieurs perspectives peuvent êtres envisagées pour poursuivre ces travaux, tant au niveau théorique qu'expérimental :

- La validation expérimentale des stratégies de reconfigurations proposées. En effet un banc d'essai est en cours de réalisation au sein du laboratoire « L.S.E ». Il se compose d'un moteur asynchrone à cage de puissance 7.5 kW, 3000tr/mn et d'une génératrice asynchrone à rotor bobiné de 4 kW. Le moteur est alimenté par un variateur de vitesse industriel, permettant d'imposer le couple mécanique sur l'arbre de la génératrice. La commande sera implantée sur des composants programmables du type FPGA (Field Programmable Gate Array).

Photo de la maquette

- L'amélioration de la commande en présence de défaut de variation de fréquence du réseau. Une recherche plus poussée devrait être menée quant à la boucle à verrouillage de phase (PLL : Phase Locked Loop) qu'il faudra nécessairement introduire pour estimer la fréquence du réseau en temps réel. Un algorithme robuste par rapport aux défauts réseau améliorera nettement les performances du système éolien dans le cas de variation de la fréquence du réseau.

- L'amélioration de la commande en cas de grand défaut réseau. En effet, il serait judicieux de traiter le problème des oscillations des courants en cas de l'activation et la désactivation du circuit crowbar et essayer de les réduire. Des études (par exemple dans [149]) proposent des techniques de contrôle pour réduire les oscillations de flux.

- L'évaluation des performances de la commande en cas de fonctionnement à tension réduite par rapport à d'autres types de commande. En effet, il serait intéressant d'appliquer la procédure décrite au quatrième chapitre à des systèmes éoliens munis d'autres types de commande tels que le DTC ou le DPC.

Annexe 1 : Calcul du flux de puissance dans le système éolien

Soit les relations de tension et du flux suivantes :

$$\begin{cases} V_{sd} = R_s I_{sd} - \omega_s \phi_{sq} + \dfrac{d\phi_{sd}}{dt} \\ V_{rd} = R_r I_{rd} - \omega_r \phi_{rq} + \dfrac{d\phi_{rd}}{dt} \\ V_{sq} = R_s I_{sq} + \omega_s \phi_{sd} + \dfrac{d\phi_{sq}}{dt} \\ V_{rq} = R_r I_{rq} + \omega_r \phi_{rd} + \dfrac{d\phi_{rq}}{dt} \end{cases} \qquad (A1.\ 1)$$

$$\begin{cases} \phi_{sd} = L_s I_{sd} + M_{sr} I_{rd} \\ \phi_{sq} = L_s I_{sq} + M_{sr} I_{rq} \\ \phi_{rd} = L_r I_{rd} + M_{sr} I_{sd} \\ \phi_{rq} = L_r I_{rq} + M_{sr} I_{sq} \end{cases} \qquad (A1.\ 2)$$

On prend le référentiel tournant lié au flux statorique

Le flux statorique est orienté selon l'axe d donc on aura :

$$\begin{cases} \phi_{sd} = \phi_s \\ \phi_{sq} = 0 \end{cases} \qquad (A1.\ 3)$$

Comme $\phi_{sq} = 0$ et considérant le régime permanent, (A1.1)➲

$$\begin{cases} V_{sd} = R_s I_{sd} \\ V_{rd} = R_r I_{rd} - \omega_r \phi_{rq} \\ V_{sq} = R_s I_{sq} + \omega_s \phi_{sd} \\ V_{rq} = R_r I_{rq} + \omega_r \phi_{rd} \end{cases} \qquad (A1.\ 4)$$

et

$$i_{rq} = -\frac{L_s}{M_{sr}} i_{sq} \qquad (A1.\ 5)$$

Les puissances rotorique et statorique de la MADA sont exprimées comme suit :

$$\begin{cases} P_s = V_{sd} i_{sd} + V_{sq} i_{sq} \\ Q_s = V_{rd} i_{rq} - V_{rq} i_{rq} \end{cases} \qquad (A1.\ 6)$$

(A1.2), (A1.4) et (A1.6) ➲

$$\begin{cases} P_s = Rs{I_s}^2 + \omega_s L_s i_{sd} i_{sq} + \omega_s M_{sr} i_{rd} i_{sq} \\ P_r = Rr{I_r}^2 - \omega_r M_{sr} i_{sq} i_{rd} + \omega_r M_{sr} i_{rq} i_{sd} \end{cases} \qquad \textbf{\textit{(A1. 7)}}$$

(A1.5) et (A1.7) ➲

$$\begin{cases} P_s = Rs{I_s}^2 + \omega_s(-M_{sr} i_{rq} i_{sd} + M_{sr} i_{rd} i_{sq}) \\ P_r = Rr{I_r}^2 - \omega_r(M_{sr} i_{sq} i_{rd} - M_{sr} i_{rq} i_{sd}) \end{cases} \qquad \textbf{\textit{(A1. 8)}}$$

En négligeant les pertes joules on obtient :

$$\frac{P_r}{P_s} = -\frac{\omega_r}{\omega_s} \qquad \textbf{\textit{(A1. 9)}}$$

Ce qui implique

$$P_r = -gP_s \qquad \textbf{\textit{(A1. 10)}}$$

Résumé

La relation entre la puissance rotorique et statorique

$$\boxed{P_r = -gP_s}$$

Annexe 2 : Calcul des régulateurs continus et échantillonnés

1   Régulateur continu

On a les deux équations

$$V_{rd} = L_r.\sigma.\frac{di_{rd}}{dt} + R_r.i_{rd} - \omega_r\phi_{rq} \qquad\qquad (A2.\ 1)$$

$$V_{rq} = L_r.\sigma.\frac{di_{rq}}{dt} + R_r.i_{rq} + \omega_r\phi_{rd} \qquad\qquad (A2.\ 2)$$

La régulation se base sur une boucle de contrôle du courant.

Par la suite nous déterminons les paramètres du régulateur PI :

Soit A telle que :

$$A = L_r.\sigma.\frac{di_{rd}}{dt} + R_r.i_{rd} \qquad\qquad (A2.\ 3)$$

La transformée de Laplace donne :

$$1 = pL_r.\sigma.i_{rd} + R_r.i_{rd} \qquad\qquad (A2.\ 4)$$

➲
$$i_{rd} = \frac{\dfrac{1}{R_r}}{p\dfrac{L_r.\sigma}{R_r}+1} \qquad\qquad (A2.\ 5)$$

On a alors la fonction de transfert en boucle ouverte de la forme :

$$FT_{BO} = \frac{K}{p\tau+1.} \qquad\qquad (A2.\ 6)$$

Avec $\tau = \dfrac{L_r\sigma}{R_r}$

Pour déterminer les paramètres du régulateur PI on procède par placement de pôles.

Soit la fonction de transfert en boucle fermer FT_{BF} :

$$FT_{BF} = \frac{PI.FT_{BO}}{1+PI.FT_{BO}} \qquad\qquad (A2.\ 7)$$

Avec

$$PI = \frac{K_i T_i.p + 1}{T_i.p} \qquad (A2.\ 8)$$

Les pôles sont solutions de :

$$\frac{T_i.\tau}{K}.s^2 + T_i.(\frac{1}{K} + K_i).p + 1 = 0 \qquad (A2.\ 9)$$

Soit ξ le coefficient d'amortissement, et ω_0 la pulsation propre on a :

$$\frac{1}{\omega_0^2}.s^2 + \frac{2.\xi}{\omega_0}.s + 1 = 0 \qquad (A2.\ 10)$$

En identifiant les deux équations (A2. 9) et (A2. 10) on déduit T_i et K_i :

$$\boxed{T_i = \frac{K}{\tau.\omega_0^2}} \qquad (A2.\ 11)$$

$$\boxed{K_i = \frac{2.\xi.\tau.\omega_0 - 1}{K}} \qquad (A2.\ 12)$$

On choisi ξ et ω_0 de telle façon à avoir une réponse stable avec le minimum d'amortissement

2-   Régulateur échantillonné

a   Calcul des régulateurs

Soit

$$G(p) = \frac{K}{\tau.s + 1.} \qquad (A2.\ 13)$$

La discrétisation de la fonction (A2.13) avec bloqueur d'ordre zéro conduit à la fonction de transfert de la forme :

$$H(z^{-1}) = \frac{b_1 z^{-1}}{1 + a_1 z^{-1}} \qquad (A2.\ 14)$$

avec

$$a_1 = -e^{-\frac{Te}{\tau}}$$

$$b_1 = K(1 - e^{-\frac{Te}{\tau}})$$

Donc la fonction de transfert du procédé discrétisé est :

$$H(z^{-1}) = \frac{K(1-e^{-\frac{Te}{\tau}})z^{-1}}{1-e^{-\frac{Te}{\tau}}z^{-1}} = \frac{B(z^{-1})}{A(z^{-1})}$$

(A2. 15)

Le régulateur échantillonné est caractérisé par les polynômes :

$$\begin{cases} R(z^{-1}) = T(z^{-1}) = r_0 + r_1 z^{-1} \\ S(z^{-1}) = 1 - z^{-1} \end{cases}$$

(A2. 16)

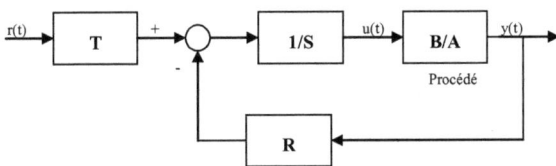

Figure A2. 1 Structure du régulateur

La fonction de transfert en boucle fermé (Figure A2. 1) est de la forme :

$$H_{BF}(z^{-1}) = \frac{B(z^{-1})R(z^{-1})}{A(z^{-1})S(z^{-1})+B(z^{-1})R(z^{-1})} = \frac{B(z^{-1})R(z^{-1})}{P(z^{-1})}$$

(A2. 17)

avec :

$$P(z^{-1}) = A(z^{-1})S(z^{-1})+B(z^{-1})R(z^{-1}) = 1+p_1 z^{-1}+p_2 z^{-2}$$

(A2. 18)

En fait $P(z^{-1})$ correspond aux pôles désirés du système en boucle fermée.

Alors pour déterminer le régulateur numérique on doit déterminer les fonctions R, S, T pour obtenir une fonction de transfert en boucle fermée qui permet de satisfaire les performances souhaitées. On choisit le polynôme $P(z^{-1})$ comme un polynôme de second ordre correspondant à la discrétisation d'un système continu du $2^{\text{ème}}$ ordre ayant un ω_0 et ξ donnés.

En regroupant les termes de l'équation (A2.18) d'après les puissances de z^{-1} on obtient:

$$\begin{cases} p_1 = b_1 r_0 + a_1 - 1 \\ p_2 = b_1 r_1 - a_1 \end{cases} \qquad \textbf{\textit{(A2. 19)}}$$

$$\Rightarrow \qquad \begin{cases} r_0 = \dfrac{1 - a_1 + p_1}{b_1} \\ r_1 = \dfrac{a_1 + p_2}{b_1} \end{cases} \qquad \textbf{\textit{(A2. 20)}}$$

avec

$$a_1 = -e^{-\frac{Te}{\tau}}$$

$$b_1 = K(1 - e^{-\frac{Te}{\tau}})$$

Donc pour trouver les paramètres du polynôme R il suffit de déterminer p_1 et p_2

Sachant que la discrétisation de la fonction $\dfrac{\omega_0^2}{\omega_0^2 + 2\xi\omega_0 s + s^2}$ donne $\dfrac{h_1 z^{-1} + h_2 z^{-2}}{1 + k_1 z^{-1} + k_2 z^{-2}}$

Avec

$$\begin{cases} k_1 = -2\alpha\beta \\ k_2 = \alpha^2 \\ h_1 = 1 - \alpha(\beta + \dfrac{\xi\omega_0}{\omega}\partial) \\ h_2 = \alpha^2 + \alpha(\dfrac{\omega_0}{\omega}\partial - \beta) \\ \partial = \sin(\omega T_e) \\ \alpha = e^{-\xi\omega_0 T_e} \\ \beta = \cos(\omega T_e) \\ \omega = \omega_0\sqrt{1-\xi^2} \end{cases} \qquad \textbf{\textit{(A2. 21)}}$$

Donc on peut déduire les paramètres p_1 et p_2 qui vont satisfaire les conditions de stabilité voulues (en fonction de ω_0 et ξ):

$$\begin{cases} p_1 = -2e^{-\xi\omega_0 T_e}\cos(\omega T_e) \\ p_2 = e^{-2\xi\omega_0 T_e} \end{cases} \qquad\qquad \textbf{\textit{(A2. 22)}}$$

Et par la suite on déduit les paramètres du polynôme R :

$$\begin{cases} r_1 = \dfrac{-e^{\frac{-T_e}{T}} + e^{-2\xi\omega_0 T_e}}{K(1-e^{-\frac{T_e}{T}})} \\[4ex] r_0 = \dfrac{1+e^{-\frac{T_e}{T}} - 2e^{-\xi\omega_0 T_e}\cos(\omega T_e)}{K(1-e^{-\frac{T_e}{T}})} \end{cases} \qquad\qquad \textbf{\textit{(A2. 23)}}$$

b   Poursuite et régulation à objectifs indépendants

Notre objectif est de manipuler indépendamment le comportement du système en poursuite et en régulation (face à une perturbation réseau) voir Figure A2. 2

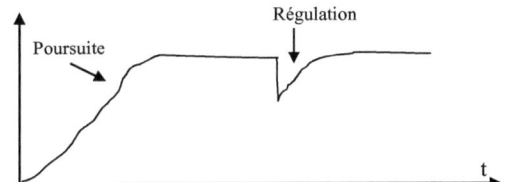

Figure A2. 2   Performance en poursuite et en régulation

Le système en boucle fermée est représenté par la Figure A2. 3

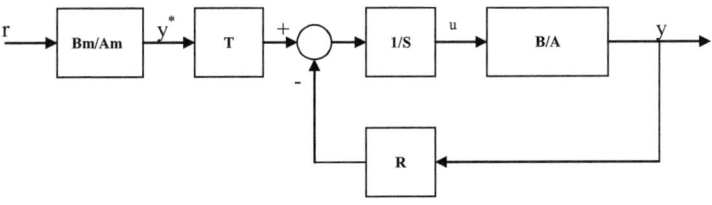

Figure A2. 3   Régulation numérique avec poursuite et régulation à objectifs indépendants

Pour séparer la régulation et la poursuite nous introduisons le bloc Bm/Am. La sortie de ce bloc définit la trajectoire désirée (y*). Le calcul se fera alors en deux temps : Premièrement, à l'aide de R et S, on placera les pôles en boucle fermée aux valeurs désirées (objectif régulation). Deuxièmement on déterminera T pour obtenir la poursuite à la trajectoire y*.

3- Simulation

Un programme sur Matlab Simulink (Figure A2. 4) a été réalisé pour évaluer les différentes boucles des régulateurs continue et échantillonné.

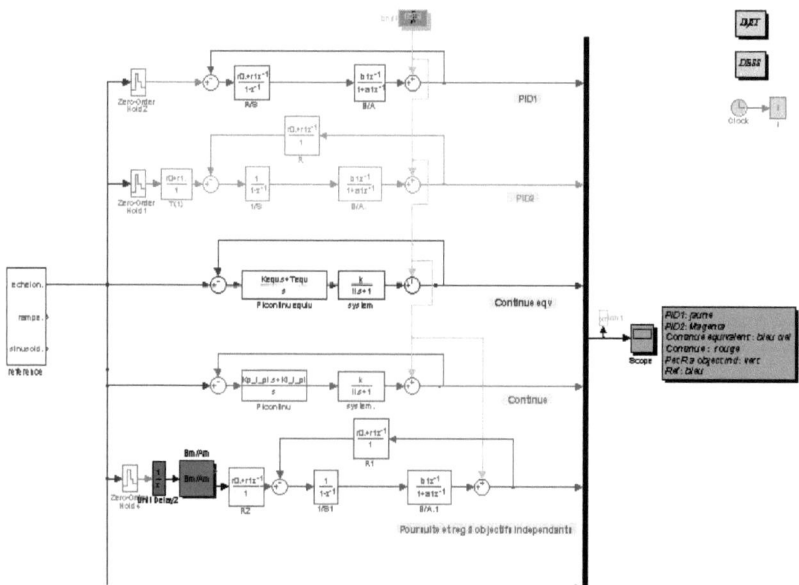

Figure A2. 4 Programme de simulation des régulateurs

Annexe 3 : Paramètres du système éolien

Paramètres de la MADA

P_u=660kW:	puissance utile
N_s=1500tr/m:	vitesse de synchronisme
U_{sn}=690V:	tension statorique nominale
U_{rn}=287V:	tension rotorique nominale
f_{sn}=50Hz:	fréquence statorique nominale
R_s=0.0069 Ω: :	résistance cyclique statorique
R_r=0.0061 Ω:	résistance cyclique rotorique
L_s=0.0068 H:	inductance statorique
L_r=0.0068 H:	inductance rotorique
M_{sr}=0.0067H:	mutuelle inductance
p=2 :	nombre de paires de pôles

Paramètres de la turbine

J= 1.1 10^6 Kg.m² :	moments d'inertie du système
f= 1 Nms:	coefficient de frottement
R=25.85 m :	rayon des pales
ρ = 1.225 :	densité de l'air
m=42 :	coefficient de multiplication
$λ_{opt}$=8 :	coefficient optimal de vitesse
Cp_{max}=0.45 :	coefficient max de puissance
V_{vent_n}=9.7153 m/s :	vitesse moyenne du vent

Paramètres du transformateur

m_{t1}= 690/20000 :	rapport des tensions du côté stator
m_{t2}= 230/20000 :	rapport des tensions du côté rotor

Paramètres du bus continu

c = 4 10^{-3} F:	capacité
r = 44000 Ω:	résistance

Paramètres du filtre

X=0.314Ω : impédance

Valeurs de base pour le calcul en P.U.

Tension de base :	V_b=563.4V
Couple de base :	T_{eb} = 4200 N.m
Courant de base :	I_b =627 A
Puissance de base :	S_b = 750 kW
Vitesse de base :	$Ω_b$= 3 rd/s

$$i_{r\_rms} = \frac{1}{\sqrt{3}} \sqrt{i_{rd}^2 + i_{rq}^2}$$

Annexe 4 : Calcul des composantes V_{sd} et V_{sq} lors d'un défaut réseau

1-   Défaut équilibré de phases

On rappelle l'équation trigonométrique

$$\sin a . \sin a = \frac{1}{2}\left[1 - \cos 2a\right]$$

Nous avons les équations de la tension réseau suivantes :

$$\begin{cases} V_{s1} = V \ \sin(\omega_s t) \\ V_{s2} = V \ \sin(\omega_s t - \dfrac{2\pi}{3}) \\ V_{s3} = V \ \sin(\omega_s t - \dfrac{4\pi}{3}) \end{cases} \qquad (A4.\ 1)$$

La transformé de Park donne

$$\begin{cases} V_{sd} = \sqrt{\dfrac{2}{3}}\left[\cos(-\omega_s t)V_{s1} + \cos(-\omega_s t + \dfrac{2\pi}{3})V_{s2} + \cos(-\omega_s t + \dfrac{4\pi}{3})V_{s3}\right] \\ V_{sq} = \sqrt{\dfrac{2}{3}}\left[\sin(-\omega_s t)V_{s1} + \sin(-\omega_s t + \dfrac{2\pi}{3})V_{s2} + \sin(-\omega_s t + \dfrac{4\pi}{3})V_{s3}\right] \end{cases} \qquad (A4.\ 2)$$

Lors d'un défaut équilibré nous avons le même défaut pour toutes les phases

$$V^{'} = V + \Delta V \qquad (A4.\ 3)$$

Alors la transformé de Park devient

$$\begin{cases} V^{'}_{sd} = \sqrt{\dfrac{2}{3}}\left[\cos(-\omega_s t)V^{'}_{s1} + \cos(-\omega_s t + \dfrac{2\pi}{3})V^{'}_{s2} + \cos(-\omega_s t + \dfrac{4\pi}{3})V^{'}_{s3}\right] \\ V^{'}_{sq} = \sqrt{\dfrac{2}{3}}\left[\sin(-\omega_s t)V^{'}_{s1} + \sin(-\omega_s t + \dfrac{2\pi}{3})V^{'}_{s2} + \sin(-\omega_s t + \dfrac{4\pi}{3})V^{'}_{s3}\right] \end{cases} \qquad (A4.\ 4)$$

(A4.3) et (A4.4) ⊃

$$V^{'}_{sq} = (V + \Delta V)\sqrt{\dfrac{2}{3}}\left[\sin(-\omega_s t)\sin(+\omega_s t) + \sin(-\omega_s t + \dfrac{2\pi}{3})\sin(+\omega_s t - \dfrac{2\pi}{3}) + \sin(-\omega_s t + \dfrac{4\pi}{3})\sin(+\omega_s t - \dfrac{4\pi}{3})\right] (A4.\ 5)$$

Donc

$$V_{sq} = (V)\sqrt{\dfrac{2}{3}}\left[\sin(-\omega_s t)\sin(+\omega_s t) + \sin(-\omega_s t + \dfrac{2\pi}{3})\sin(+\omega_s t - \dfrac{2\pi}{3}) + \sin(-\omega_s t + \dfrac{4\pi}{3})\sin(+\omega_s t - \dfrac{4\pi}{3})\right] \qquad (A4.\ 6)$$

$$\Delta V_{sq} = (\Delta V)\sqrt{\frac{2}{3}}\left[\sin(-\omega_s t)\sin(+\omega_s t) + \sin(-\omega_s t + \frac{2\pi}{3})\sin(+\omega_s t - \frac{2\pi}{3}) + \sin(-\omega_s t + \frac{4\pi}{3})\sin(+\omega_s t - \frac{4\pi}{3})\right] \quad (A4.\ 7)$$

Soit A tel que :

$$A = \left[\sin(-\omega_s t)\sin(+\omega_s t) + \sin(-\omega_s t + \frac{2\pi}{3})\sin(+\omega_s t - \frac{2\pi}{3}) + \sin(-\omega_s t + \frac{4\pi}{3})\sin(+\omega_s t - \frac{4\pi}{3})\right] \quad (A4.\ 8)$$

$$\Rightarrow\ A = \frac{1}{2}\left[-3 + \underbrace{\cos(-2\omega_s t) + \cos(-2\omega_s t + \frac{4\pi}{3}) + \cos(-2\omega_s t + \frac{2\pi}{3})}_{=\ 0}\right] \quad (A4.\ 9)$$

$$\Rightarrow\ A = -\frac{3}{2} \quad (A4.\ 10)$$

D'où

$$\boxed{V_{sq} = -V\sqrt{\frac{3}{2}}} \quad (A4.\ 11)$$

et

$$\boxed{\Delta V_{sq} - -\Delta V\sqrt{\frac{3}{2}}} \quad (A4.\ 12)$$

Et le défaut sera de la forme

$$\boxed{V'_{sd} = 0} \quad (A4.\ 13)$$

$$\boxed{V'_{sq} = -(\Delta V + V)\sqrt{\frac{3}{2}}} \quad (A4.\ 14)$$

2-   Défaut déséquilibré de phases

On rappelle l'équation trigonométrique

$\sin 2a = 2\sin a.\cos a$

Nous supposons par la suite que le défaut est à la phase une donc les tensions réseau seront de la forme :

$$\begin{cases} V'_{s1} = (V + \Delta V)\sin(\omega_s t) \\ V_{s2} = V \sin(\omega_s t - \dfrac{2\pi}{3}) \\ V_{s3} = V \sin(\omega_s t - \dfrac{4\pi}{3}) \end{cases} \qquad (A4.\ 15)$$

avec

$$\Delta V_{sq} = (\Delta V)\sqrt{\frac{2}{3}}\left[\sin(-\omega_s t)\,\sin(+\omega_s t)\right] \qquad (A4.\ 16)$$

$$\Rightarrow \boxed{\Delta V_{sq} = -(\Delta V)\sqrt{\frac{1}{6}}\left[1 - \cos(2\omega_s t)\right]} \qquad (A4.\ 17)$$

Et

$$\Delta V_{sd} = (\Delta V)\sqrt{\frac{2}{3}}\left[\cos(-\omega_s t)\sin(\omega_s t)\right] \qquad (A4.\ 18)$$

$$\Rightarrow \boxed{\Delta V_{sd} = (\Delta V)\sqrt{\frac{1}{6}}\left[\sin(2\omega_s t)\right]} \qquad (A4.\ 19)$$

Donc le défaut sera de la forme

$$\boxed{V'_{sd} = 0 + (\Delta V)\sqrt{\frac{1}{6}}\left[\sin(2\omega_s t)\right]} \qquad (A4.\ 20)$$

$$\boxed{V'_{sq} = -\left[V\sqrt{\frac{3}{2}} + (\Delta V)\sqrt{\frac{1}{6}}\left[1 - \cos(2\omega_s t)\right]\right]} \qquad (A4.\ 21)$$

3-   Défaut fréquence

On rappelle les développements limités suivants :

$$\sin a = a - \frac{a^3}{3!}$$

$$\cos a = 1 - \frac{a^2}{2!}$$

Et les formes trigonométriques :

$$\sin(a + b) = \sin a \cos b + \sin b \cos a$$

$$\cos a.\cos a = \frac{1}{2}\left[1 + \cos 2a\right]$$

$$\sin 2a = 2\sin a \cos a$$

Lors d'un défaut fréquence sur les trois phases on aura :

$$\begin{cases} V'_{s1} = V \ \sin(\omega_s t + \Delta\omega_s t) \\ V'_{s2} = V \ \sin(\omega_s t + \Delta\omega_s t - \dfrac{2\pi}{3}) \\ V'_{s3} = V \ \sin(\omega_s t + \Delta\omega_s t - \dfrac{4\pi}{3}) \end{cases} \qquad (A4.\ 22)$$

Ce qui donne

$$V'_{sd} = (V)\sqrt{\frac{2}{3}}\underbrace{\left[\cos(-\omega_s t)\sin(+\omega_s t + \Delta\omega_s t) + \cos(-\omega_s t + \frac{2\pi}{3})\sin(+\omega_s t - \frac{2\pi}{3} + \Delta\omega_s t) + \cos(-\omega_s t + \frac{4\pi}{3})\sin(+\omega_s t - \frac{4\pi}{3} + \Delta\omega_s t) \right]}_{A} (A4.\ 23)$$

On pose A :

$$A = \underbrace{\cos(-\omega_s t)\sin(\omega_s t + \Delta\omega_s t)}_{x} + \underbrace{\cos(-\omega_s t + \frac{2\pi}{3})\sin(\omega_s t - \frac{2\pi}{3} + \Delta\omega_s t)}_{y} + \underbrace{\cos(-\omega_s t + \frac{4\pi}{3})\sin(\omega_s t - \frac{4\pi}{3} + \Delta\omega_s t)}_{z} (A4.\ 24)$$

Soit x :

$$x = \cos(-\omega_s t)\sin(\omega_s t + \Delta\omega_s t) \qquad (A4.\ 25)$$

$$\Rightarrow x = \cos(-\omega_s t)\left[\sin(\omega_s t)\underbrace{\cos(\Delta\omega_s t)}_{\approx 1} + \cos(\omega_s t)\underbrace{\sin(\Delta\omega_s t)}_{\approx \Delta\omega_s t} \right] \qquad (A4.\ 26)$$

$$\Rightarrow x = \cos(-\omega_s t)\left[\sin(\omega_s t) + \cos(\omega_s t)\Delta\omega_s t \right] \qquad (A4.\ 27)$$

$$\Rightarrow x = \frac{1}{2}\sin(2\omega_s t) + \frac{1}{2}\left(1 + \cos(2\omega_s t)\right)\Delta\omega_s t \qquad (A4.\ 28)$$

$$\Rightarrow x = \frac{1}{2}\sin(2\omega_s t) + \frac{1}{2}\cos(2\omega_s t)\Delta\omega_s t + \frac{1}{2}\Delta\omega_s t \qquad (A4.\ 29)$$

Soit y :

$$y = \cos(-\omega_s t + \frac{2\pi}{3})\sin(\omega_s t - \frac{2\pi}{3} + \Delta\omega_s t) \qquad (A4.\ 30)$$

$$\Rightarrow y = \cos(\omega_s t - \frac{2\pi}{3})\left[\sin(\omega_s t - \frac{2\pi}{3})\underbrace{\cos(\Delta\omega_s t)}_{\approx 1} + \underbrace{\sin(\Delta\omega_s t)}_{\approx \Delta\omega_s t}\cos(\omega_s t - \frac{2\pi}{3}) \right] (A4.\ 31)$$

$$\circlearrowright y = \cos(\omega_s t - \frac{2\pi}{3})\sin(\omega_s t - \frac{2\pi}{3}) + \cos(\omega_s t - \frac{2\pi}{3})\cos(\omega_s t - \frac{2\pi}{3})\Delta\omega_s t \quad (A4. 32)$$

$$\circlearrowright y = \frac{1}{2}\sin(2\omega_s t - \frac{4\pi}{3}) + \frac{1}{2}\left[1 + \cos(2\omega_s t - \frac{4\pi}{3})\right]\Delta\omega_s t \quad\quad (A4. 33)$$

$$\circlearrowright y = \frac{1}{2}\sin(2\omega_s t - \frac{4\pi}{3}) + \frac{1}{2}\cos(2\omega_s t - \frac{4\pi}{3})\Delta\omega_s t + \frac{1}{2}\Delta\omega_s t \quad\quad (A4. 34)$$

Soit z :

$$z = \cos(-\omega_s t + \frac{4\pi}{3})\sin(\omega_s t - \frac{4\pi}{3} + \Delta\omega_s t) \quad\quad (A4. 35)$$

$$\circlearrowright z = \cos(\omega_s t - \frac{4\pi}{3})\sin(\omega_s t - \frac{4\pi}{3}) + \cos(\omega_s t - \frac{4\pi}{3})\cos(\omega_s t - \frac{4\pi}{3})\Delta\omega_s t \quad (A4. 36)$$

$$\circlearrowright z = \frac{1}{2}\sin(2\omega_s t - \frac{2\pi}{3}) + \frac{1}{2}\left[1 + \cos(2\omega_s t - \frac{2\pi}{3})\right]\Delta\omega_s t \quad\quad (A4. 37)$$

$$\circlearrowright z = \frac{1}{2}\sin(2\omega_s t - \frac{2\pi}{3}) + \frac{1}{2}\cos(2\omega_s t - \frac{2\pi}{3})\Delta\omega_s t + \frac{1}{2}\Delta\omega_s t \quad\quad (A4. 38)$$

Or

$$A = x + y + z \quad\quad (A4. 39)$$

Donc

$$A = \frac{1}{2}\left[\sin(2\omega_s t) + \sin(2\omega_s t - \frac{2\pi}{3}) + \sin(2\omega_s t - \frac{4\pi}{3})\right] + \frac{1}{2}\Delta\omega_s t\left[\cos(2\omega_s t) + \cos(2\omega_s t - \frac{2\pi}{3}) + \cos(2\omega_s t - \frac{4\pi}{3})\right] + \frac{3}{2}\Delta\omega_s t$$

$$(A4. 40)$$

$$\circlearrowright A = \frac{3}{2}\Delta\omega_s t \quad\quad (A4. 41)$$

d'ou

$$\boxed{V_{sd}^{'} = V\sqrt{\frac{3}{2}}\Delta\omega_s t} \quad\quad (A4. 42)$$

165

Calculons V'sq :

$$V'_{sq} = (V)\sqrt{\frac{2}{3}}\left[\sin(-\omega_s t)\sin(+\omega_s t + \Delta\omega_s t) + \sin(-\omega_s t + \frac{2\pi}{3})\sin(+\omega_s t - \frac{2\pi}{3} + \Delta\omega_s t) + \sin(-\omega_s t + \frac{4\pi}{3})\sin(+\omega_s t - \frac{4\pi}{3} + \Delta\omega_s t)\right] \quad (A4.\ 43)$$

$$\underbrace{\phantom{\sin(-\omega_s t)\sin(+\omega_s t + \Delta\omega_s t) + \sin(-\omega_s t + \frac{2\pi}{3})\sin(+\omega_s t - \frac{2\pi}{3} + \Delta\omega_s t) + \sin(-\omega_s t + \frac{4\pi}{3})\sin(+\omega_s t - \frac{4\pi}{3} + \Delta\omega_s t)}}_{A}$$

On pose A :

$$A = \underbrace{\sin(-\omega_s t)\sin(\omega_s t + \Delta\omega_s t)}_{x} + \underbrace{\sin(-\omega_s t + \frac{2\pi}{3})\sin(\omega_s t - \frac{2\pi}{3} + \Delta\omega_s t)}_{y} + \underbrace{\sin(-\omega_s t + \frac{4\pi}{3})\sin(\omega_s t - \frac{4\pi}{3} + \Delta\omega_s t)}_{z} \quad (A4.\ 44)$$

Soit x :

$$x = \sin(-\omega_s t)\sin(\omega_s t + \Delta\omega_s t) \quad\quad\quad\quad (A4.\ 45)$$

$$\circlearrowright x = \sin(-\omega_s t)\left[\sin(\omega_s t)\underbrace{\cos(\Delta\omega_s t)}_{\approx 1 - \frac{(\Delta\omega_s t)^2}{2!}} + \cos(\omega_s t)\underbrace{\sin(\Delta\omega_s t)}_{\approx \Delta\omega_s t}\right] \quad\quad (A4.\ 46)$$

$$\circlearrowright x = \sin(-\omega_s t)\left[\sin(\omega_s t)\left(1 - \frac{(\Delta\omega_s t)^2}{2!}\right) + \cos(\omega_s t)\Delta\omega_s t\right] \quad\quad (A4.\ 47)$$

$$\circlearrowright x = \frac{1}{2}\left(-1 + \cos(2\omega_s t)\right)\left(1 - \frac{(\Delta\omega_s t)^2}{2!}\right) - \frac{1}{2}\sin(2\omega_s t)\Delta\omega_s t \quad\quad (A4.\ 48)$$

$$\circlearrowright x = -\frac{1}{2}\sin(2\omega_s t)\Delta\omega_s t + \frac{1}{2}\cos(2\omega_s t)\left(1 - \frac{(\Delta\omega_s t)^2}{2!}\right) - \frac{1}{2}\left(1 - \frac{(\Delta\omega_s t)^2}{2!}\right) \quad (A4.\ 49)$$

Soit y :

$$y = \sin(-\omega_s t + \frac{2\pi}{3})\sin(\omega_s t - \frac{2\pi}{3} + \Delta\omega_s t) \quad\quad\quad (A4.\ 50)$$

$$\circlearrowright y = \sin(-\omega_s t + \frac{2\pi}{3})\left[\sin(\omega_s t - \frac{2\pi}{3})\underbrace{\cos(\Delta\omega_s t)}_{\approx 1 - \frac{(\Delta\omega_s t)^2}{2!}} + \underbrace{\sin(\Delta\omega_s t)}_{\approx \Delta\omega_s t}\cos(\omega_s t - \frac{2\pi}{3})\right] \quad (A4.\ 51)$$

$$\circlearrowright y = -\sin(\omega_s t - \frac{2\pi}{3})\sin(\omega_s t - \frac{2\pi}{3})\left(1 - \frac{(\Delta\omega_s t)^2}{2!}\right) - \sin(\omega_s t - \frac{2\pi}{3})\cos(\omega_s t - \frac{2\pi}{3})\Delta\omega_s t \quad (A4.\ 52)$$

$$\circlearrowright y = \frac{1}{2}\left(-1 + \cos\left(2\omega_s t - \frac{4\pi}{3}\right)\right)\left(1 - \frac{(\Delta\omega_s t)^2}{2!}\right) - \frac{1}{2}\sin\left(2\omega_s t - \frac{4\pi}{3}\right)\Delta\omega_s t \qquad (A4.\ 53)$$

$$\circlearrowright y = -\frac{1}{2}\left(1 - \frac{(\Delta\omega_s t)^2}{2!}\right) + \frac{1}{2}\cos\left(2\omega_s t - \frac{4\pi}{3}\right)\left(1 - \frac{(\Delta\omega_s t)^2}{2!}\right) - \frac{1}{2}\sin\left(2\omega_s t - \frac{4\pi}{3}\right)\Delta\omega_s t \quad (A4.\ 54)$$

Soit z :

$$z = \sin\left(-\omega_s t + \frac{4\pi}{3}\right)\sin\left(\omega_s t - \frac{4\pi}{3} + \Delta\omega_s t\right) \qquad (A4.\ 55)$$

$$\circlearrowright z = -\frac{1}{2}\left(1 - \frac{(\Delta\omega_s t)^2}{2!}\right) + \frac{1}{2}\cos\left(2\omega_s t - \frac{2\pi}{3}\right)\left(1 - \frac{(\Delta\omega_s t)^2}{2!}\right) - \frac{1}{2}\sin\left(2\omega_s t - \frac{2\pi}{3}\right)\Delta\omega_s t \quad (A4.\ 56)$$

La somme de x, y et z donne :

$$A = -\frac{3}{2}\left(1 - \frac{(\Delta\omega_s t)^2}{2!}\right) \qquad (A4.\ 57)$$

d'où

$$V'_{sq} = -V\sqrt{\frac{3}{2}}\left(1 - \frac{(\Delta\omega_s)^2}{2!}t^2\right) \qquad (A4.\ 58)$$

Résumé

Mode sans défaut

$$V_{sd} = 0$$

$$V_{sq} = -V\sqrt{\frac{3}{2}}$$

Défaut équilibré de phases

$$V'_{sd} = 0$$

$$V'_{sq} = -(\Delta V + V)\sqrt{\frac{3}{2}}$$

Défaut déséquilibré de phases

$$V'_{sd} = 0 + (\Delta V)\sqrt{\frac{1}{6}}[\sin(2\omega_s t)]$$

$$V'_{sq} = -\left[V\sqrt{\frac{3}{2}} + (\Delta V)\sqrt{\frac{1}{6}}\left[1 - \cos(2\omega_s t)\right]\right]$$

Défaut fréquence

$$V'_{sd} = V\sqrt{\frac{3}{2}}\Delta\omega_s t$$

$$V'_{sq} = -V\sqrt{\frac{3}{2}}\left(1 - \frac{(\Delta\omega_s)^2}{2!}t^2\right)$$

Annexe 5 : Calcul des flux rotorique et statorique

Le modèle de la MADA est exprimé comme suit

$$\begin{cases} V_{sd} = R_s I_{sd} - \omega_s \phi_{sq} + \dfrac{d\phi_{sd}}{dt} \\ V_{rd} = R_r I_{rd} - \omega_r \phi_{rq} + \dfrac{d\phi_{rd}}{dt} \\ V_{sq} = R_s I_{sq} + \omega_s \phi_{sd} + \dfrac{d\phi_{sq}}{dt} \\ V_{rq} = R_r I_{rq} + \omega_r \phi_{rd} + \dfrac{d\phi_{rq}}{dt} \end{cases} \quad \textbf{(A5. 1)} \qquad \begin{cases} \phi_{sd} = L_s I_{sd} + M_{sr} I_{rd} \\ \phi_{sq} = L_s I_{sq} + M_{sr} I_{rq} \\ \phi_{rd} = L_r I_{rd} + M_{sr} I_{sd} \\ \phi_{rq} = L_r I_{rq} + M_{sr} I_{sq} \end{cases} \quad \textbf{(A5. 2)}$$

On prend le référentiel tournant lié au flux statorique : Le flux statorique est orienté selon l'axe d donc on aura :

$$\begin{cases} \phi_{sd} = \phi_s \\ \phi_{sq} = 0 \end{cases} \qquad \textbf{(A5. 3)}$$

(A5.1) , (A5.2) et (A5.3) impliquent :

$$\begin{cases} i_{rq} = -\dfrac{L_s}{M_{sr}} i_{sq} \\ V_{sd} = R_s i_{sd} + \dfrac{d}{dt}\phi_{sd} \\ V_{sq} = R_s i_{sq} + \omega_s \phi_{sd} \end{cases} \qquad \textbf{(A5. 4)}$$

(A5.2) et (A5.4) ➲

$$\boxed{\phi_{rq} = -\sigma \dfrac{L_s L_r}{M_{sr}} i_{sq}} \qquad \textbf{(A5. 5)}$$

(A5.4) et (A5.5) ➲

$$\boxed{\phi_{rq} = \sigma L_r i_{rq}} \qquad \textbf{(A5. 6)}$$

(A5.4) ➲

$$\boxed{\phi_{sd} = \dfrac{V_{sq}}{\omega_s} - \dfrac{R_s i_{sq}}{\omega_s}} \qquad \textbf{(A5. 7)}$$

En négligeant les résistances statoriques (R_s) on obtient

$$\boxed{\phi_{sd} = \dfrac{V_{sq}}{\omega_s}} \qquad \textbf{(A5. 8)}$$

La première et la troisième équation de (A5.2) ➲

$$\phi_{rd} = -\sigma \frac{L_s L_r}{M_{sr}} i_{sd} + \frac{L_r}{M_{sr}} \frac{V_{sq}}{\omega_s}$$ *(A5. 9)*

Et implique aussi

$$\phi_{rd} = \sigma L_r i_{rd} + \frac{M_{sr}}{L_s} \frac{V_{sq}}{\omega_s}$$ *(A5. 10)*

Nous avons aussi les équations des puissances active et réactive :

$$\begin{cases} P_s = V_{sq} i_{sq} + V_{sd} i_{sd} \\ Q_s = V_{sd} i_{sq} - V_{sq} i_{sd} \end{cases}$$ *(A5. 11)*

Or en régime permanent et en l'absence du défaut, on peut considérer que $V_{sd} = 0$

donc (A5.11) implique

$$\begin{cases} P_s = V_{sq} i_{sq} \\ Q_s = -V_{sq} i_{sd} \end{cases}$$ *(A5. 12)*

En imposant $Q_s = 0$ on aura $i_{sd} = 0$ donc la troisième équation de (A5.2) donne :

$$\phi_{rd} = L_r i_{rd}$$ *(A5. 13)*

Résumé

Les estimateurs de la composante directe du flux rotorique

(A5.2) ➲ $\phi_{rd\_est1} = L_r I_{rd} + M_{sr} I_{sd}$

(A5.9) ➲ $\phi_{rd\_est2} = -\sigma \dfrac{L_s L_r}{M_{sr}} i_{sd} + \dfrac{L_r}{M_{sr}} \dfrac{V_{sq}}{\omega_s}$

(A5.10) ➲ $\phi_{rd\_est3} = \sigma L_r i_{rd} + \dfrac{M_{sr}}{L_s} \dfrac{V_{sq}}{\omega_s}$

(A5.13) ➲ $\phi_{rd\_est4} = L_r i_{rd}$

Les estimateurs de la composante en quadrature du flux rotorique

(A5.2) ➲ $\phi_{rq\_est1} = L_r I_{rq} + M_{sr} I_{sq}$

(A5.5) ➲ $\phi_{rq\_est2} = -\sigma \dfrac{L_s L_r}{M_{sr}} i_{sq}$

(A5.6) ➲ $\phi_{rq\_est3\&4} = \sigma L_r i_{rq}$

Les estimateurs de la composante directe du flux statorique

(A5.2) ➲ $\phi_{sd\_est1} = L_s I_{sd} + M_{sr} I_{rd}$

(A5.8) ➲ $\phi_{sd\_est2} = \dfrac{Vsq}{\omega_s}$

Références

[1] Secrétaire d'Etat chargé de l'énergie renouvelable et des industries alimentaires, La Presse (Tunisie) Actualités 30 Octobre 2004.

[2] Jean Martin, " Energies éoliennes", Techniques de l'ingénieur, traité Génie électrique B8 585.

[3] B.Multon, O.Gergaud, H. Ben Ahmed, X. Roboam, S. Astier, B. Dakyo, C. Nichita, " Etat de l'art dans les aérogénérateur électriques", Publication Association ERCRIN 2001.

[4] B.Multon, G. Robin, O.Gergaud, H. Ben Ahmed, " Le génie électrique dans le vent : état de l'art et recherches dans le domaine de la génération éolienne", JCGE03, Saint-Nazaire, 5 et 6 Juin 2003.

[5] Philippe Leconte, Marc Rapin et Edmond Szechenyi, " Eoliennes", Techniques de l'ingénieur, traité Genie électrique BM 4 640.

[6] B.Multon, " L'énergie électrique : analyse des ressources et de la production, place des sources renouvelables", Club CRIN Paris 6 décembre 2000.

[7] "http://www.planete-energies.com/site/homepage.html".

[8] "http://www.photeus.info".

[9] site Internet de la commission européenne, "http://ec.europa.eu/energy ".

[10] site Internet de la commission européenne, "http://ec.europa.eu/energy/res/legislation/country_profiles/2004_0547_sec_country_profiles_en.doc.doc"

[11] http://www.energies-renouvelables.org/observ-er/stat_baro/observ/baro-jde12.pdf

[12] Espace Eolien Développement, "http:// espace-eolien.fr/Eolien/marche.htm".

[13] Le baromètre européen 2005 des énergies renouvelables, " http://www.energies-renouvelables.org/observ-er/stat_baro/barobilan/barobilan5.pdf". Le baromètre d'EurObserv'ER est un projet soutenu par la Commission européenne dans le

cadre du programme "Énergie Intelligente-Europe" de la DG Tren. Il est également soutenu par l'Ademe, l'Agence de l'environnement et de la maîtrise de l'énergie.

[14] D. Le Gourieres, "Energie éolienne, théorie, conception et calcul pratique des installations" Eyrolles, 1982.

[15] Henk Polinder, Sjoerd W.H. de Haan, Maxime R. Dubois, Johannes G. (Han) Slootweg, " Basic Operation Principles and Electrical Conversion Systems of Wind Turbines" EPE2005, 11th European Conference on Power Electronics and Applications,September, 11-14, 2005, Dresden, Germany, Vol 15, N°4.

[16] " http://www.etap.com.tn"

[17] "http://www.mdeie.gouv.qc.ca/"

[18] " http://www.steg.com.tn"

[19] "http://www.enviro2b.com/tribunes_libres/"

[20] F. Poitiers, M. Machmoum, R. Le Doeuff, " Simulation of a Wind Energy Conversion System Based on a Doubly-Fed Induction Generator ", EPE2003, 10th European Conference on Power Electronics and Applications, September, 2-4 2005 Toulouse, France

[21] L. Janosi, F. Blaabjerg, A. D. Hansen, J. Bech, " simulation of 12 MW Wind Farm", EPE 2001, 9th European Conference on Power Electronics and Applications, Graz, Austria.

[22] H.Comblong, " Minimisation de l'impact des perturbations d'origine éolienne dans la génération d'électricité par des aérogénérateurs à vitesse variable", Thèse de l'école Nationale Supérieure d'art et Métiers 2003

[23] M. Santos, M. Miguel Angel, R. Vidal, " Comparison Of dynamic Models For Wind Turbine Grid Integration studies " EWEC 2004, European Wind Energy Conference, 22-25 November London U.K.

[24] S. Muller, M. Deicke, R. W. De Doncker, " Adjustable Speed Generators for Wind Turbines based on doubly fed Induction Machines and 4- Quadrant IGBT Converters Linked to the Rotor", Industry Applications Conference, 2000. IEEE 2000 Oct 2000, Pp:2249 - 2254 vol.4

[25] S. El Aimani, " Modélisation de différentes technologies d'éolienne intégrés dans un réseau de moyenne tension ", thèse de doctorat de l'école centrale de Lille, 2005.

[26] P. Ledesma, J. Usaola, J.L. Rodriguez, J. C. Burgos, " Comparison between systems in a doubly fed Induction Generator connected to an electric Grid", European Wind Energy Conference, 1-5 Mars 1999, France, pp 869-872.

[27] J. Usaola, P. Ledesma,J.M. Rodriguez, J.L. Fernadez, D. Beato, R. Iturbo, "Transient stability studies in grids with great wind power penetration modeling issues and operation requirements", IEEE PES Transmission and Distribution Conference and exposition September 2003 USA.

[28] A. Bouscayrol, Ph. Delarue, " Simplifications of the Maximum control Structure of a wind energy conversion system with an induction generator", International Journal of Renewable Energy engineering, Vol 4, No 2, August 2002, pp 479-485

[29] R. Leidhold, G. Garcia, M. I. Valla, " Maximum efficiency control for variable speed wind driven generators with speed and power limits", IECON 2002-the 28th Annual conference of the IEEE Industrial Electronics Society, 5-8 november 2002, Sevilla, Spain

[30] G. Saccomando, J. Svensson, a. Sannino, " Improving Voltage disturbance Rejection for Variable Speed Wind Turbines", IEEE Trans. On Energy. Conv. Vol 17 No 3 September 2002 pp 422-428.

[31] R. Pena, R. Cardenas, D. Sbarbaro, R. B. Gimenez, "Variable Speed Grid Connected Induction Generator for Wind Energy Systems", EPE 1999, 8th European Conference on Power Electronics and Applications, Lausanne.

[32] D. Levy, "Stand Alone Induction Generators", Electric Power systems research 41 1997 P 191-201

[33] G. M. Joksimovic, D. Durovic, J. Penman and N. Arthur, " Dynamic Simulation of Dynamic eccentricity in Induction Machines Winding Function approach", IEEE Trans. On Eneg. Conv. Vol 15 No 2 June 2000, Pp 143 – 148

[34] R. Pena, J. C. Clare, G.M. Asher, " Doubly fed induction generator using back-to-back PWM converters and its application to Variable-Speed wind –energy generation ", IEE Proc-Electr. Power Appl, Vol. 143, No 3 May 1996

[35] J. Morren, S.W.H. de Haan, P. Bauer, J.T.G. Pierik, " Comparison of complete and reduced models of a wind turbine using Doubly-Fed Induction Generator ", EPE2003, 10th European Conference on Power Electronics and Applications, September, 2-4 2005 Toulouse, France.

[36] E. Delaleau, E. Monmasson, J.P. Louis, " State-Variable Representation Simulation and Control of the Doubly-Fed Induction Generator ", EPE2003, 10th European Conference on Power Electronics and Applications, September, 2-4 2005 Toulouse, France.

[37] S. Arnalte and J.L. Rodriguez-Amenedo , " Grid Synchronisation of Doubly Fed Induction Generators using Direct Torque Control ", IECON 2002-the 28th Annual conference of the IEEE Industrial Electronics Society, 5-8 november 2002, Sevilla, Spain

[38] C. R. Kelber, W. Schumacher, " Adjustable Speed constant Frequency energy generation with doubly Fed Induction Machines", Vsshy, 2000 Grenoble

[39] S. D. Rubira and M. D. McCulloch, "Control Method Comparison of Doubly Fed Wind Generators Connected to the Grid by Asymmetric Transmission Lines", , IEEE Transactions on Industry Applications,Vol 36, Issue 4, Jul/Aug 2000 Page(s):986 – 991

[40] H. Azaza and A. Masmoudi, " On the Implementation of SFOC in DFM Drives : a Comparison Between Direct and Indirect Strategies", International conference on signals systems Decision and information technology, SSD 2003 March 26-28 2003, Sousse , Tunisia

[41] R. S. Pena, J. C. Clare, G. M. Asher, " Vector Control of a Variable Speed Doubly- Fed Induction Machine for Wind Generation Systems ", EPE Journal vol 6 No 3-4 December 1996, pp 60-67

[42] H. J. Conraths, "Rotor Controlled Generator Systems For Wind Energy Applications", EPE 2001, 9th European Conference on Power Electronics and Applications, Graz, Austria.

[43] M. Teixido, A. Sumper, Q. Lopez, S. Galceran, J. Sanchez, " Standard Test Protocol to Characterize Adjustable Speed Drive Behavior During Voltage Dips", ICREPQ 2004, International Conference on Renewable Energy and Power Quality ,Spain, March 31 – April 2, 2004., Barcelona, Spain

[44] R. Datta and V. T. Ranganathan, "A Method of Tracking the Peak Power Points for a Vriable Speed Wind Energy Conversion System", IEEE Trand. On Energ. Conv. Vol 18 No 1 March 2003, Pp 163 - 168

[45] C. Dufour, J. Belanger, " A Real-Time Simulator for Doubly Fed Induction Generator based Wind Turbine Applications", 35th Annual lEEE Power Electronics Specinlisrs Conference Specialists Conference Volume 5, Issue , 20-25 June 2004 Pp: 3597 - 3603 Aachen.. Germany, 2004

[46] R. Spée, S. Bhowmik, J. H.R.Enslin, " Novel Control Strategies For Variable-Speed Doubly Fed Wind Power Generation Systems", Renewable Energy, Vol. 6, No. 8, pp. 907-915, 1995.

[47] J.R. Saenz, A. Tapia, G. Tapia, X. Ostolaza, I. Albizu, F. Pérez-Hidalgo, M. Irizar, "Reactive Power Regulation in Wind Farms : Control Strategies", EPE 2001, 9th European Conference on Power Electronics and Applications, Graz, Austria

[48] A. Masmoudi, N. Derbel, A. Ouali, "Fuzzy Logic Based Stator Flux Oriented Control of the DFSM", EPE 1999, 8th European Conference on Power Electronics and Applications, Lausanne.

[49] F.N. Okafor, W. Hofmann, B.Rabelo, "Modelling of a Doubly-Fed Wind – Powered Induction Generator Feeding a DC Load", EPE 2001, 9th European Conference on Power Electronics and Applications, Graz, Austria.

[50] M. Chomat, L. Schreier, J. Bendl, "Numerical Model of Adjustable-Speed Power Unit Using doubly Fed Machine with Cycloconverter in Rotor Circuit",

EPE 1999, 8th European Conference on Power Electronics and Applications, Lausanne

[51] R. Ghosn, " Contrôle vectoriel de la machine asynchrone à rotor bobiné à double alimentation", Thèse préparée au Laboratoire d'Electrotechnique et d'Electronique Industrielle de l'ENSEEIHT 2001.

[52] C. Ramos, A. P. Martins, A. S.Araujo, A. S. Carvalho, "Current Control in the Grid Connection of the Double-Output Induction Generator Linked to a Variable Speed Wind Turbine", IECON 02, Industrial Electronics Society, IEEE 2002 28th , 5-8 Nov. 2002 Pp: 979 - 984 vol.2

[53] G. Poddar, V.T.Ranganathan, "Sensorless Field Oriented Control for Double Inverter Fed Wound Rotor Induction Motor Drive", IECON 2002-the 28th Annual conference of the IEEE Industrial Electronics Society, 5-8 november 2002, Sevilla, Spain.

[54] D. Forchetti, G. Garcia, M. I. Valla, "Vector Control Strategy for a Doubly-Fed Stand Alone Induction Generator", IECON 2002-the 28th Annual conference of the IEEE Industrial Electronics Society, 5-8 november 2002, Sevilla, Spain.

[55] R. Ghosn, C.Asmar, M.Pierlrzak-David, "Vector Control and Power Optimization Of A Doubly Fed Induction Machine In Variable Speed Drives" EPE PEMC 2000.

[56] R. Ghosn, C. Asmar, M. Pietrzak-David, B. De Fornel, "An Improved Control Scheme For A doubly Fed Induction Machine", EPE 2001, 9th European Conference on Power Electronics and Applications, Graz, Austria.

[57] B. Rabelo, W. Hofmann " Optimised Power Flow On Wind Power Plants With The Doubly Fed Induction Generator" EPE-PEMC 2000 Kosice.

[58] J. Ekanayake, L. Holdsworth, X. G. Wu and N. Jenkins, "Dynamic Modeling of doubly Fed Induction Generator Wind Turbines", IEEE Trans. On energ. Conv. Vol 18 No 2 May 2003 pp 803-809

[59] P. Ledesma,, and J. Usaola, " Doubly Fed Induction Generator Model for Transient Stability Analysis ", IEEE Trans. On Eneg. Conv. Vol 20 No 2 June 2005 Pp 388 – 397

[60] B. Hopfensperger, D.J. Atkinson, "Doubly-fed a.c. machines: classification and comparison", EPE 2001, 9th European Conference on Power Electronics and Applications, Graz, Austria

[61] Y. Lei, A. Mullane, G. Lightbody and R. Yacamini, " Modeling of the Wind Turbine With a Doubly Fed Induction Generator for Grid Integration Studies ", IEEE Trans. On Eneg. Conv. Vol 21, No 1, March 2006 pp 257-264.

[62] S. Peresada, A. Tilli, A. Tonielli, "Power control of doubly fed induction machine via output feedback ", Control Engineering Practice 12 2004

[63] A. Feijoo, J. Cidras, C. Carrillo, "A third order model for the doubly-fed induction machine", Electric power Systems Research 56 (2000) 121-127 ELSEVIER.

[64] M. G. Jovanovic, R. E. Betz, "A comparative analysis of doubly fed reluctance machine's performance parameters", EPE 2001, 9th European Conference on Power Electronics and Applications, Graz, Austria.

[65] R. Datta, V.T. Ranganathan, "A Simple Position-Sensorless Algorithm for Rotor-Side field-Oriented control of Wound-rotor Induction Machine", IEEE Transactions On Industrial Electronics, Vol. 48, No. 4, August 2001 Pp 786 – 793.

[66] R. Cardenas, R. Pena, G. Asher, J. Cilia , "Sensorless Control of Induction Machines for Wind Energy Applications", Power Electronics Specialists Conference, 2002. PESC 02. 2002 IEEE 33rd, pp: 265 - 270 vol.1

[67] F.M. Rodrigo, J. M. R. Gonzalez, J. A. D. Vazquez, L. C. H. de Lucas , " Sensorless Control of a Squirrel Cage Induction Generator to Track the Peak Power in a Wind Turbine" IECON 2002-the 28th Annual conference of the IEEE Industrial Electronics Society, 5-8 november 2002, Sevilla, Spain. Volume: 1, On page(s): 169- 174 vol.1

[68] H. O. Rostoen, T. M. Undeland, T. Gjengedal "Doubly Fed Induction Generator In a Wind Turbine" wind power and the impacts on power systems , IEEE Workshop, Oslo 17-18 June 2002.

[69] M. Chinchilla, S. Arnaltes and J. C. Burgos, " Control of permanent-magnet generators Applied to Variable-Speed Wind-Energy Systems Connected to the Grid ", IEEE Trans. On Eneg. Conv. Vol 21, No 1, March 2006 Pp: 130 – 135.

[70] J. Niiranen, " Experiences on voltage dip ride through factory testing of synchronous and doubly fed generator drives,. ", EPE2005, 11th European Conference on Power Electronics and Applications,September, 11-14, 2005, Dresden, Germany.

[71]   J.Soens, J.Driesen, R. Belmans, " Interaction between Electrical Grid Phenomena and the Wind Turbine's Behaviour " Proceedings of ISMA 2004

[72] P. Pourbeik, R. J. Koessler, D. L. Dickmander and W. Wong, " Integration of LargeWind Farms into Utility Grids (Part 2 - Performance Issues) ", Power Engineering Society General Meeting, 2003, IEEE, 13-17 July 2003, pp: - 1525 Vol. 3

[73] R. Datta and V. T. Ranganathan, "Variable Speed Wind Power Generation Using doubly Fed Wound Rotor induction Machine – A Comparison With Alternative Schemes", IEEE, Transactions on energy conversion, vol 17, No 3, September 2002 Pp 414 – 421.

[74] H. Polinder, M.R. Dubois, J.G. Slootweg, " Generator systems for wind turbines ", PCIM 2003, Power Conversion and Intelligent Motion.

[75] P.Bauer, S.W.H. de Haan, M.R.Dubois, " Introduction to Windenergy and Offshore Windparks Problematic ", PCIM 2003, Power Conversion and Intelligent Motion.

[76] J. Soens, K. de Brabandere, J. Driesen and R. Belmans, " Doubly Fed Induction Machine: Operating Regions and Dynamic Simulation ", EPE2003, 10th European Conference on Power Electronics and Applications, September, 2-4 2005 Toulouse, France.

[77] S. Arnaltes, J. L. Rodriguez Armendo and M. Chinchilla " Reactive Capability Limitation of doubly fed Asynchronous Generators", 2003 European Wind Energy Conference (EWEC´03). Madrid (España), 2003

[78] F. Berthereau, B. Robyns, J. P. Hautier, " A Fuzzy Logic Multimodel F.OC Of An Induction Generator For Wind Power systems", Electromotion 2001 June 19-20, 2001 Bologna- Italy

[79] M. M. Prats, J. M. Carrasco, E. Galvan, J. A. Sanchez, L. G. Franquelo, C. Batista, " Improving transition between power optimization and power limitation of variable speed, variable pitch wind turbines using fuzzy control techniques ", Industrial electronics Society 2000, IECON 2000, 26 th Annual conference of the IEEE, page 1497-1502,vol.3, 22-28-October 2000, Nagoya, Japan.

[80] M. M. Prats, J. M. Carrasco, E. Galvan, J. A. Sanchez, L. G. Franquelo "A New Fuzzy Logic Controller to improve The Captured Wind Energy In a Real 800Kw Variable Speed-Variable Pitch Wind Turbine". Power Electronics Specialists Conference, 2002. 2002 IEEE 33 rd Annual, Volume: 1, On page(s): 101- 105 vol.1

[81] E.Chekhet, V.Sobolev, I.Shapoval , "The steady states analysis of the doubly fed induction motor (DFIM) with matrix converter" EPE PEMC 2000.

[82] M. T. Holmberg and K. Srivastava, " Double Winding, High-Voltage Cable Wound Generator: Steady-State and Fault Analysis ", IEEE Trans. On Eneg. Conv. Vol 19 No 2 June 2004 pp 245- 250

[83] J. Cidras, C. Carrillo, A. Feijoo , "Working Limits Of a doubly Fed Induction Wind Turbine". Poster, Congreso: Wind Power for the 21th Century, Kassel, 26-September-2000

[84] S. El Aimani, B. Francois, F. Minne, B. Robyns, " Modeling and Simulation of Doubly Fed Induction Generators For Variable Speed Wind Turbines integrated in a Distribution Network ", EPE 2003, 10th European Conference on Power Electronics and Applications, September, 2-4 2005 Toulouse, France

[85] M. Chinchilla, S. Arnalte, J. C. Burgos, J. Sanz, J. L. Rodriguez, " Active and Reactive Power Limits of Three Phase PWL Voltage Source Inverter Connected to the Grid", EPE PEMEC 2002

[86] C. Darengosse, F. Poitiers, M. Machmoum, " LQG-based control of a Doubly-Fed Induction Machine for Variable-Speed Wind Energy Generation ", EPE 2003,

10th European Conference on Power Electronics and Applications, September, 2-4 2005 Toulouse, France

[87] M. Rodriguez, G. Abad, H. Camblong, " Experimental evaluation of high level control strategies in a variable speed wind turbine ", EPE2003, 10th European Conference on Power Electronics and Applications, September, 2-4 2005 Toulouse, France

[88] S. Arnaltes, "Comparison of Variable Speed Wind Turbine Control Strategies", ICRER 2003.

[89] J. Ekanayake and N. Jenkins, " Comparison of the Response of Doubly Fed and Fixed Speed Induction Generator Wind Turbines to changes in Network Frequency", IEEE Trans. On energ. Conv. Vol 19 no 4 December 2004 pp 800-802

[90] B. Robyns, M. Nasser, F. Berthereau, F. Labrique, "Equivalent Continuous Dynamic Model of a Variable Speed Wind Generator", Electromotion 2001 June 19-20, 2001 Bologna- Italy

[91] D. S. Zinger and E. Muljadi, "Annualized wind energy Improvement Using Variable Speeds", IEEE Trans. On Ind. Applic. Vol 33 No 6 November 1997 Pp 1444 - 1447

[92] R. Datta and V. T. Ranganathan, " A Method of Tracking the Peak Power Points for a Variable Speed Wind Energy Conversion System ", IEEE Trans. On Eneg. Conv. Vol 18 No 1 March 2003 Pp 163 - 168

[93] C. Dufour , J. Bélanger , " A real-time simulator for doubly fed induction generator based wind turbine applications ", Power Electronics specialists conference, 2004. PESC 04. 2004 IEEE 35th, pp: 3597- 3603 Vol.5.

[94] S. El Aimani, B. Francois, F. Minne, B. Robyns, "Comparison Analysis of Control Structures For Variable Speed Wind Turbine", Proceeding of CESA 2003, juillet 2003, CD, Lille, France.

[95] H.M.B. Metwally, F.E. Abdel-kader, H.M. EL-Shewy, M.M.EL-kholy, " Optimum performance characteristics of doubly fed induction motors using field oriented control", Energy Conversion and Management 43 (2002) 3-13.

[96] L. Morel, "Machine à double alimentation : optimisation du convertisseur et contrôle vectoriel avec et sans capteur'', Thèse présentée à L'UFR des Sciences Techniques et Gestion de l'Industrie de l'Université de FRANCHE-COMTE 1996.

[97] S. Arnalte and J.L. Rodriguez-Amenedo , " Sensorless Direct Power Control of a Doubly Fed Induction Generator for Variable Speed Wind Turbines ", EPE2003, 10th European Conference on Power Electronics and Applications, September, 2-4 2005 Toulouse, France

[98] L. Morel, H. Godfroid, A. Mirzaian, J. M. Kauffmann, " Double fed induction machine: converter optimization and field oriented control without position sensor", IEE Proc Electr appl. Vol 145 No 4 July 1998

[99] J. P. Louis, C. Bergmann, " Commande numérique Régimes intermédiaires et transitoires",Techniques de l'ingénieur, traité génie électrique, D 3 643, Février 1997.

[100] O. A. Mohammed, Z. Liu, S. Liu, " Stator Power Factor Adjustable Direct Torque Control of Doubly-Fed Induction Machines ", IEMDC2005, IEEE-International Electric Machines and Drives Conference, May 18-18,2005, San Antonia, Texas, USA

[101] S. Seman, J. Niiranen, S. Kanerva, and A. Arkkio, "Analysis of a 1.7 MVA Doubly Fed Wind-Power Induction Generator during Power Systems Disturbances ", Proceedings of NORPIE 2004, 14-16 June 2004, Trondheim, Norway, 6 p., (CD-ROM)

[102] C. R. Kelber, W. Schumacher, " Control of Doubly fed induction machines as an adjustable speed Motor /Generator", Vsshy, 2000 Grenoble

[103] I. M. D. Alergria, H. Camblong, P. Ibanez, J. L. Villate, J. Andreu " Vector Control And Direct Ower control Performance In Doiubly Fed Induction Generator For Variable speed Wind Turbine",2003 European Wind Energy Conference (EWEC´03). Madrid (Espagne), 2003

[104] R.E. Betz and B.J. Cook, "Instantaneous Power Control an alternative to Vector and Direct Torque Control?", IAS 2000

[105] L. M. Fernández, C. A. García, F. Jurado and J. R. Saenz, "Control System of Doubly Fed Induction Generators Based Wind Turbines With Production Limits ", 2005 IEEE International Conference on Electric Machines and Drives, Volume , Issue , 15-18 May 2005 Page(s): 1936 – 1941

[106] S. Bhowmik, R. Spée, J. H. R. Enslin, "Performance Optimization for Doubly Fed Wind Power Generation Systems", IEEE 1999, Transactions on Industry Applications, Volume 35, Issue 4, Jul/Aug 1999 Page(s):949 – 958

[107] A. Petersson, S. Lundberg and T. Thiringer, "A DFIG Wind-Turbine Ride-Through System Influence on the Energy Production", Nordic Wind Power Conference, 1-2 March, 2004, Chalmers University of Technology

[108] A. Dittrich, A. Stoev, " Grid Voltage Fault Proof Doubly-Fed Induction Generator System", EPE2003, 10th European Conference on Power Electronics and Applications, September, 2-4 2005 Toulouse, France

[109] T. Brekken, N. Mohan, " A Novel Doubly-fed Induction Wind Generator Control Scheme for Reactive Power Control and Torque Pulsation Compensation Under Unbalanced Grid Voltage Conditions", Power Electronics Specialist Conference, 2003. PESC ;03. 2003 IEEE 34th, Issue , 15-19 June 2003 Pp: 760 - 764 vol.2

[110] Y. Liao, L. Ran, G. A. Putrus, and K. S. Smith, "Evaluation of the Effects of Rotor Harmonics in a Doubly-Fed Induction Generator With Harmonic Induced Speed Ripple", IEEE Trans. On Eneg. Conv. Vol 18 No 4 December 2003

[111] I. Serban, F. Blaabjerg, I. Boldea, Z. Chen, "A Study of the Doubly-Fed Wind Power Generator Under Power System Faults ", EPE2003, 10th European Conference on Power Electronics and Applications, September, 2-4 2005 Toulouse, France

[112] J. Morren and S.W. H. de Haan, " Ridethrough of Wind Turbines with Doubly-Fed Induction Generator During a Voltage Dip", IEEE Trans. On Eneg. Conv. Vol 20 No 2 June 2005 Pp 435 - 441

[113] J. K. Niiranen, " Simulation of Doubly Fed Induction Generator Wind Turbine with an Active Crowbar " EPE – PEMC04.

[114] P. Ledesma and J. Usaola, "Effect of Neglecting Stator Transients in Doubly Fed Induction Generators Models ", IEEE Trans.on Energy Conv , Vol. 19, No. 2, June 2004

[115] I. Çadirci, G. Akçam, and M. Ermis, " Effects of Instantaneous Power-Supply Failure on the Operation of Slip-Energy Recovery Drives ", IEEE Trans.on Energy Conv , Vol. 20, No. 1, Mars 2005 Pp 7-15

[116] K. Chmelik, V. Cech, P. Krejca, "Overvoltage effects in electrical network and their influence in HV drives ", EPE PEMEC 2000 Kosice

[117] R. Belhomme and C. Corenwinder, " Wind Power Integration in the French Distribution Grid Regulations and Network Requirements ", Nordic Wind Power Conference, 1-2 March, 2004, Chalmers University of Technology

[118] Projet de coopération Tuniso –Espagnol PCI A/2478/05 " Stratégies de contrôles de turbines éoliennes à vitesse variable en présence de creux de tension réseau (control strategies of Variable Speed wind Turbine under voltage sags) "

[119] I. Erlich, U. Bachmann," Grid Code Requirements Concerning Connection and Operation of Wind Turbines in Germany", IEEE Power Engineering Society General Meeting, San Francisco, California USA, 12 - 16 June 2005.

[120] M. Berger, G. Brauner, " New Coordination Rules for Power Quality in Wind Parks ", PCIM Europe 2003 - Power Electronics, Intelligent Motion and Power Quality (2003)

[121] R.J.Patterson, P.M.Frank, R.N.Clark, "Issues of fault diagnosis for Dynamic Systems", Springer, Verlag, New York 2000

[122] L.Baghli, P.Poure, A.Rezzoug, "Sensor fault detection for fault tolerant vector controlled induction machine", EPE2005, 11th European Conference on Power Electronics and Applications, September, 11-14, 2005, Dresden, Germany.

[123] L.Parsa, H.A.Toliyat, "A self reconfigurable electric Motor controller for hybrid electric vehicle application", IECON 2003_The 29th Annual Conference of the IEEE Industrial Electronics Society, November 2 - 6, 2003, Virginia, USA.

[124] H.Wang, S.Pekarek, B.Fahimi, "Elimination of position and current sensors in high performance adjustable speed AC drives", IEMDC2005, IEEE-International Electric Machines and Drives Conference, May , 2005, San Antonia, Texas, USA.

[125] H.S.Jung, J.M.Kim, C.U. Kim, "Diminution of current measurement error for vector controlled AC motor drives", IEMDC2005, IEEE-International Electric Machines and Drives Conference, May ,2005, San Antonia, Texas, USA.

[126] H.Wang, S.Pekarek, B.Fahimi, E.Zivi,J.Ciezki, "Improvement of Fault tolerance in AC Mortor-Drives Using a Digital Delta-Hysteres Modulation scheme", 35th Annual IEEE Power Electronics Specialists Conference, Aachen Germany, pp.944-949, 2004.

[127] E.Favre, W.Teppan, "State-of-Art in current sensing technologies", PCIM'03, May 20-22, Nuremberg, Germany

[128] E.Favre, J.Koss, W.Teppan, " Capteurs de courant : Critères de choix et exemple d'application dans l'énergie éolienne ", La revue 3EI, n°38., pp.66-75, Décembre 2004.

[129] R.Pena, J.C.Clare, G.M.Asher, "Doubly fed induction generator using back-to-back PWM converters and its application to variable speed wind-energy generation", IEE Proc.Electr.Power.Appl.Vol.143, n°3, May 1996, pp 232-241.

[130] E.Favre, J.Koss, W.Teppan, "Capteurs de courant : Critères de choix et exemple d'application dans l'énergie éolienne", La revue 3EI, n°38., pp.66-75, Décembre 2004.

[131] L.Laurila, P.Kurronen, M.Niemelä, J.Pyrhönen, "Effect of unideal current sensors in direct torque controlled PMSM drives", NORPIE2002, Nordic Workshop on Power and Industrial Electronics, Stockholm, Sweden, 12-14 August, 2002

[132] Z. Chen, Senior, E. Spooner, " Grid Power Quality With Variable Speed Wind Turbines", IEEE Transactions On energy conversion, Vol. 16, No.2 June 2001 Pp 148 - 154.

[133] A.Tarkiainen, R.Pöllänen, M.Niemelä, J.Pyrhönen, " DTC Based Power Conditioning System Capable of Grid-Connected and Grid-Independent Operation

", EPE2003, 10th European Conference on Power Electronics and Applications, September, 2-4 2005 Toulouse, France

[134] I.Martinez de Algeria, H.Camblong, P.Ibanez, J.L.Villate, J.Andreu, "Vector control and Direct Power control Performance in doubly Fed Induction Generator For Variable Speed Wind Turbine", EWEW 03

[135] R. Peña, R. Cárdenas, D. Soto, J. Proboste, R. Blasco-Gimenez, "Control strategy for Doubly fed Induction machine base on state feedback.", EPE2003, 10th European Conference on Power Electronics and Applications, September, 2-4 2005 Toulouse, France

[136] Bogdan Marinescu, "A Robust Coordinated Control of the Doubly-Fed Induction Machine for Wind Turbines: a State-Space Based Approach", Proceeding of the 2004 American Control Conference Boston, Massachusetts June 30 -July 2,2004

[137] R.E. Betz and B.J. Cook, "Instantaneous Power Control of Induction Machines", Technical Report: EE0022, Generated: May 14, 2001

[138] J. K. Kang and S. K. Sul, "New direct torque control of induction motor for minimum torque ripple and constant switching frequency," IEEE Transactions on Industry Applications, vol. 35, pp. 1076–1082, Sept/Oct 1999.

[139] U. Radel, D. Navarro, G.Berger, S.Berg, "Sensorless Field Oriented Control of a Slipring Induction Generator for a 2.5 MW Wind Power Plant from Nordex Energy GmbH", EPE 2001, 9th European Conference on Power Electronics and Applications, Graz, Austria.

[140] A. Tapia, G. Tapia, X. Ostolaza, J. R. Saenz, " Modeling and control of wind turbine Driven Doubly Fed Induction Generator", IEEE Transaction on energy Conversion, Vol 18 No 2 Juin 2003 Pp: 194 - 204.

[141] Giuseppe Saccomando, Jan Svensson, Ambra-Sannia, "Improving Voltage Disturbance Rejection for variable-Speed Wind Turbine", IEE Trans Energy Conversion Vol 17, No 3, Sept 2002.

[142] Michel Grappe "Stabilité et sauvegarde des réseaux électriques", Lavoisier, 2003.

[143] Recommended Practice for Monitoring Electric Power Quality, IEEE Std.1159-1995,New York, IEEE, 1995.

[144] J.Niiranen "Voltage dip ride through of a doubly fed generator equipped with an active crowbar" Nordic wind Power Conference, 12 March 2004, Chalmers University of Technology

[145] E.ON Netz GmbH, "Grid Code High and Extra High Voltage", E.ON Netz GmbH Bayreuth, August 2003, http://www.eon-netz.com

[146] I.Slama-Belkhodja, "Identification des paramètres d'une machine asynchrone pour le dimensionnement du convertisseur statique associé", thèse de Doctorat de l'institut National Polytechnique de Toulouse, 7 novembre 1985.

[147] J.Richalet "Pratique de l'identification" Hermès Paris, 1991.

[148] Paul Etienne Vidal "Commande non linéaire d'une machine asynchrone à double alimentation" Thèse de l'institut national polytechnique de Toulouse 2004.

[149] A. Patersson "Analyse modelling and control of doubly fed induction generators for wind turbine" Chalmers Univ, Goteborg, Sweden 2003.

[150] S. Skander, I. Slama- Belkhodja, "Influence de défauts réseau sur un système éolien à vitesse variable", International Congress on the Renewable Energies and the Environment, CERE 2005, Mars 24-25-26, 2005, Sousse, Tunisie.

[151] S. Skander, I. Slama- Belkhodja, "Analysis of a Doubly Fed Induction Generator Simple Control in presence of small voltage dip", The 8th International Conference on Modeling and Simulation of Electric Machines, Converters and Systems ELECTRIMACS 2005, 17-20 April, 2005, Hammamet, Tunisia.

[152] S. Skander_Mustapha, I. Slama_ Belkhodja, "Design of a crowbar system for a variable speed wind turbine system", The 4th International Conference of the JTEA, 12 – 14 May 2006, Hammamet Tunisia.

[153] S. Skander_Mustapha, I. Slama_ Belkhodja, "Current sensor failure in a DFIG Wind-Turbine: Effect analysis, detection and control reconfiguration", International Review of Electrical Engineering (I.R.E.E.),Vol.1 N°3 July-August 2006.

[154] S. Skander_Mustapha, I. Slama_ Belkhodja, "Control Under Reduced Voltage of a DFIG Based Wind System in Presence of Large Grid Faults", International Review of Electrical Engineering (I.R.E.E.),Vol. 1 N°5 November –December 2006

[155] Meriem ABDELLATIF, Imen BAHRI, Ilhem SLAMA-BELKHODJA, "Comparative Study of Grid Voltage Angle Calculation for a DFIG based Wind System", Fourth International Multi-Conference on Systems, Signals & Devices (SSD) March 19-22, 2007 - Hammamet, Tunisia

Printed by Books on Demand GmbH, Norderstedt / Germany